全国高职高专计算机系列精品教材

Java 程序设计

项目案例化教程

主　编／赵小龙　佘　东
副主编／余战秋　颜世波　何晓龙　刘　烨　黄　鑫

中国人民大学出版社
·北京·

图书在版编目（CIP）数据

Java 程序设计项目案例化教程 / 赵小龙，佘东主编 . -- 北京：中国人民大学出版社，2020. 4
全国高职高专计算机系列精品教材
ISBN 978-7-300-28031-8

Ⅰ . ① J…　Ⅱ . ①赵…　②佘…　Ⅲ . ① JAVA 语言 - 程序设计 - 高等职业教育 - 教材　Ⅳ . ① TP312.8

中国版本图书馆 CIP 数据核字（2020）第 063110 号

全国高职高专计算机系列精品教材
Java 程序设计项目案例化教程
主　编　赵小龙　佘　东
副主编　余战秋　颜世波　何晓龙　刘　烨　黄　鑫
Java Chengxu Sheji Xiangmu Anlihua Jiaocheng

出版发行	中国人民大学出版社		
社　　址	北京中关村大街 31 号	**邮政编码**	100080
电　　话	010－62511242（总编室）		010－62511770（质管部）
	010－82501766（邮购部）		010－62514148（门市部）
	010－62515195（发行公司）		010－62515275（盗版举报）
网　　址	http://www.crup.com.cn		
经　　销	新华书店		
印　　刷	北京昌联印刷有限公司		
规　　格	185mm×260mm　16 开本	**版　　次**	2020 年 4 月第 1 版
印　　张	15.25	**印　　次**	2021 年 8 月第 2 次印刷
字　　数	308 000	**定　　价**	42.00 元

P R E F A C E

前言

Java 是目前主流的软件开发语言之一，从诞生到今天，它已遍布软件编程的各个领域，特别是随着 Internet 的快速发展，Java 在 Web 方面的应用表现出了强大的特性，在移动互联时代，Java 在手机开发领域也得到了广泛的应用。

本书是学习 Java 程序设计的基础教材，深入浅出地介绍了 Java 程序设计的相关知识，注重知识的连贯性、递进性和知识结构的完整性，注重培养学生的编程思维，树立学生正确的编程观。本书全面介绍了 Java 语言，阐述其面向对象的本质特征：封装性、继承性和多态性。

本书以案例为导向并采用任务驱动的形式来编写，结构清晰，语言通俗易懂，通过典型案例加强对学习者技能的培养。本书可作为高等学校相关专业教材，也可作为 Java 程序开发者、爱好者的自学教材。

全书共 10 章。第 1 章介绍了 Java 背景及运行环境；第 2 章至第 10 章分别介绍了 Java 的语言基础、面向对象、异常处理，常用类和集合，Java 图形用户界面编程，I/O 流处理，多线程编程，JDBC 数据库编程和网络编程。

书中所使用案例均在开发环境中调试通过，各章学时建议做如下分配。

章	章　名	理论学时	实验学时
1	Java 概述	4	2
2	Java 语言基础	8	4
3	Java 面向对象	12	6
4	Java 异常处理	4	2
5	常用类和集合	4	2
6	Java 图形用户界面编程	8	4
7	I/O 流处理	8	4
8	多线程编程	8	4

续表

章	章　名	理论学时	实验学时
9	JDBC 数据库编程	4	2
10	网络编程	4	2
	总学时	64	32

由于作者水平有限，书中难免存在错误与疏漏之处，恳请广大读者批评指正。

编　者

CONTENTS 目录

第 4 章 Java 异常处理

第 5 章 常用类和集合

第 6 章 Java 图形用户界面编程

第 7 章 I/O 流处理

第 8 章 多线程编程

第 9 章 JDBC 数据库编程

第 10 章 网络编程

第 1 章

Java 概述

1.1 任务描述

本章主要帮助学习者了解 Java 语言的基本特点和 Java 语言运行的机制，学会 Java 语言运行环境的安装和环境变量的配置，以及 UltraEdit 编辑器和 Eclipse 集成环境的使用。通过对 Java 的第一个简单程序的学习，掌握 Java 程序的基本结构，以及 Java 语言的编辑、编译、运行的过程。

1.2 任务目的

- 了解 Java 语言的现状、特点、运行机制
- 掌握 Java 开发环境的搭建
- 会用 UltraEdit 编辑器来编辑 Java 程序
- 掌握 Java 程序的基本结构
- 掌握 Java 程序运行的基本步骤
- 掌握 Window 操作系统下的简单 Dos 命令
- 掌握 Eclipse 集成环境的使用

1.3 任务相关知识

1.3.1 Java 语言简介

Java 是美国 Sun Microsystems 公司在 1995 年推出的一种面向对象的程序设计语

言。Java 语言一诞生就迅速成为一种流行的编程语言。1996 年太阳计算机系统公司（Sun Microsystems）推出了 Java 开发工具包，即 JDK1.0，其提供了强大的类库支持。1998 年推出了 JDK1.2，是 Java 里程碑的版本，Sun 公司将 Java 改名为 Java 2，即第二代 Java，并且将 Java 分成 JavaSE、JavaME 和 JavaEE 3 个版本，即 Java 标准版、Java 嵌入式版和 Java 企业版，分别针对不同的开发领域。后续发布了 Java 的一系列版本，现在最新的版本为 JDK11。TIOBE 公司 2019 年 11 月份发布的编程语言排行榜中，Java 编程语言排在第一位。

1.3.2　Java 语言特性

Java 白皮书中在关于 Java 语言设计目标部分指出："To live in the world of electronic commerce and distribution, Java must enable the development of secure, high performance, and highly robust applications on multiple platforms in heterogeneous, distributed networks, threaded, dynamically adaptable, simple and object oriented." 因此，我们可以得出 Java 语言具有简单性、面向对象、分布式、健壮性、安全性、可移植性、多线程等特性。

1. 简单性

Java 语言是一种面向对象的语言，它通过提供最基本的方法来完成指定的任务，只需理解一些基本的概念，就可以用它编写出适合各种情况的应用程序。Java 略去了 C++ 中很难理解的运算符重载、多重继承等模糊的概念，并且通过实现自动垃圾收集，大大简化了程序设计者的内存管理工作。

2. 面向对象

Java 是一种纯面向对象的编程语言，一切事物皆对象。通过面向对象的方式，将现实世界的事物抽象成对象，Java 语言提供了类、继承和接口等原语，但 Java 只支持单继承，支持类与接口之间的实现机制。

3. 分布式

Java 是面向网络的语言。通过它提供的类库可以处理 TCP/IP 协议，用户可以通过 URL 地址在网络上很方便地访问其他对象。

4. 健壮性

Java 语言在设计之初就被要求其所开发的软件要具有较高的可靠性，因此它提供了较高的查错功能，包括编译时查错和运行时二次查错，因此许多问题在开发之初就能被发现。

5. 安全性

Java 的分布式特性就要求其必须具有较高的安全性。Java 摒弃了指针并提供了自动内存管理机制，有效地避免了通过指针和非法操作而使系统被破坏的可能性。

6. 可移植性

Java 语言的可移植性是指其具有与平台无关的特性，Java 程序不必重新编译就可以在任何平台上运行，具有很强的可移植性。

7. 多线程

Java 的多线程特性是指 Java 语言能够开发一个同时处理多个事件的程序，其同步机制能够保证不同线程之间进行数据共享。

1.3.3 Java 语言运行机制

Java 语言运行过程一般经过编辑、编译、运行 3 个步骤。

Java 程序编辑就是按照 Java 语法规定，利用一些文本编辑器或者集成开发环境（如 Eclipse）来编写 Java 程序，形成 .java 文件。

通过 Java 编辑器来对 *.java 文件进行编译，形成 Java 字节码文件，后缀名为 *.class。

Java 编译器可对源文件进行错误排查，编译后将生成后缀名为 .class 的字节码文件。好让 JVM（Java 虚拟机）里的解释器正常读取。

Java 解释器是将字节码文件翻译成具体硬件环境和操作系统平台下的机器代码，任何语言只有翻译成机器代码之后，计算机才能执行。

JVM 是运行 Java 程序的软件环境，Java 解释器就是 JVM 的一部分，由它负责解释 Java 字节码，利用 JVM 就可以把 Java 字节码程序和具体的硬件平台以及操作系统环境分隔开来。Java 程序运行机制如图 1－1 所示。

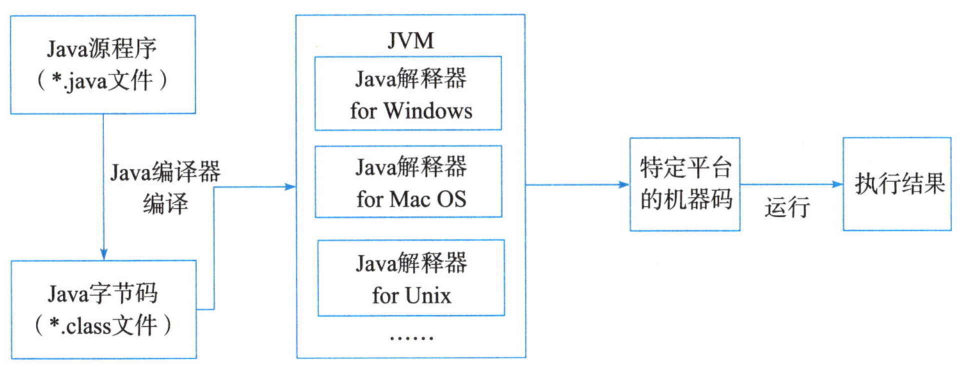

图 1－1　Java 程序运行机制

1.3.4 开发环境的安装和配置

1. JDK 的下载和安装

Java 的开发运行环境是指 Java 程序的软 / 硬件环境，需要安装 Sun 公司的 JDK。JDK 的下载与安装步骤如下。

（1）登录 Oracle 公司的网站（http://www.oracle.com），如图 1－2 所示。

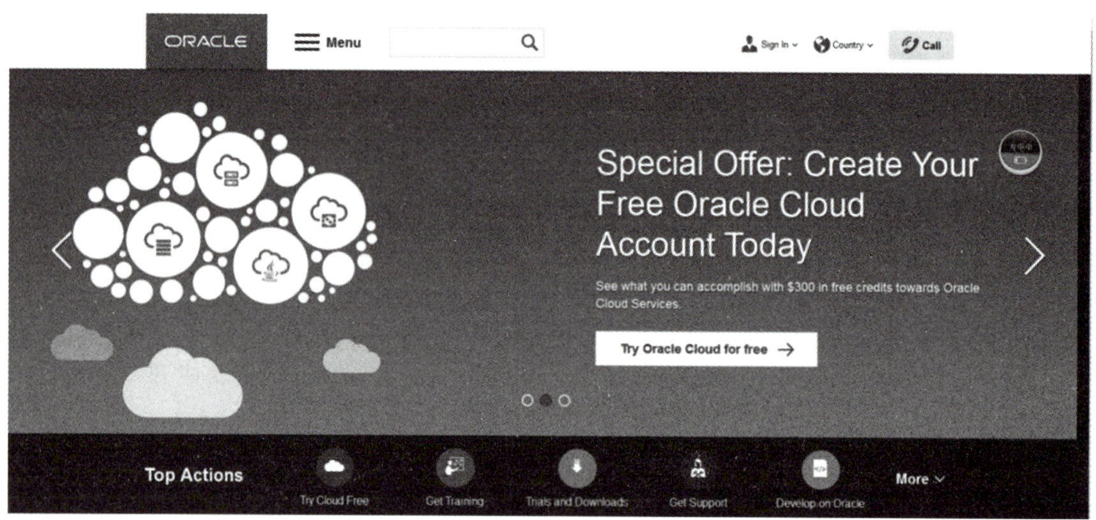

图 1－2　Oracle 公司的网站首页

（2）单击“Trials and Downloads”，如图 1－3 所示。

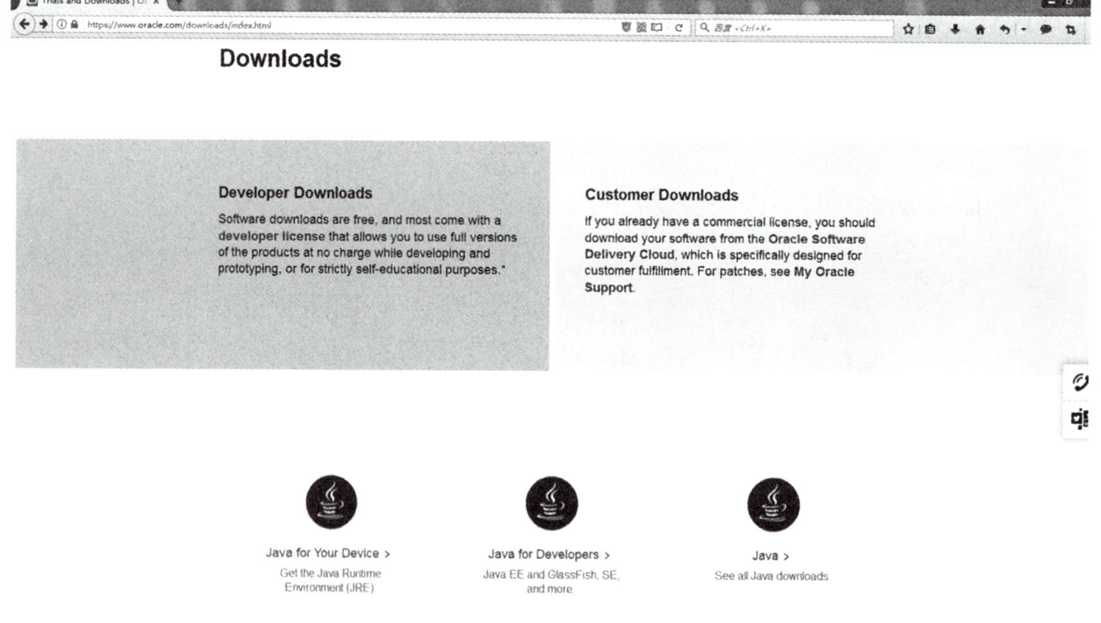

图 1－3　Trials and Downloads 界面

（3）单击“Java for Developers”，进入 JDK 下载页面，如图 1－4 所示。

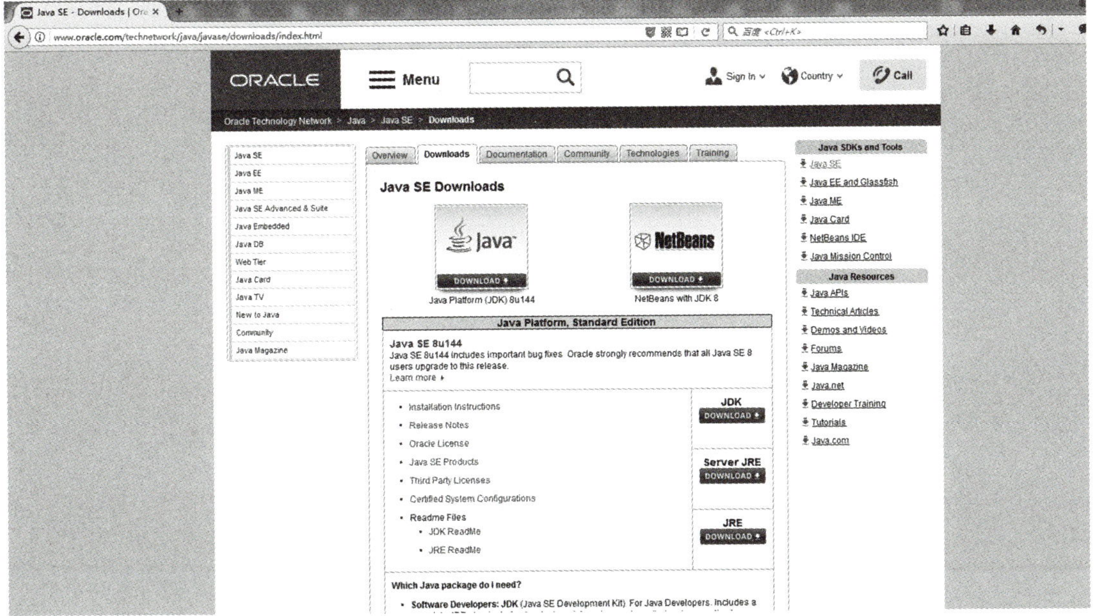

图 1－4　JDK 下载界面

（4）下载 Java Platform(JDK)8u144，选择对应的操作系统，下载 JDK。

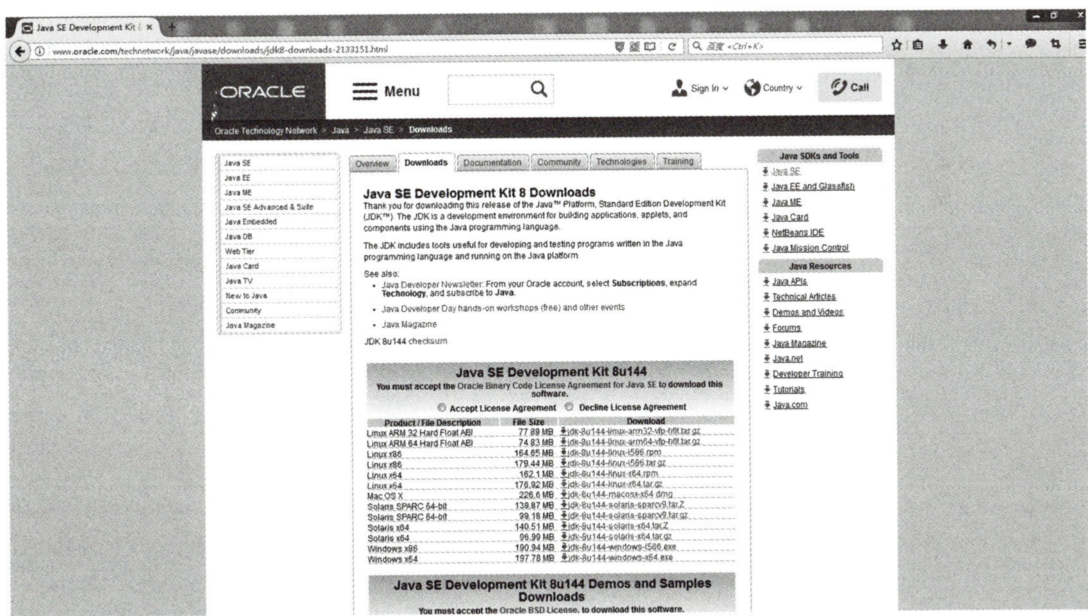

图 1－5　JDK 下载界面

（5）安装 JDK，鼠标双击安装文件进行安装，如图 1－6 所示。

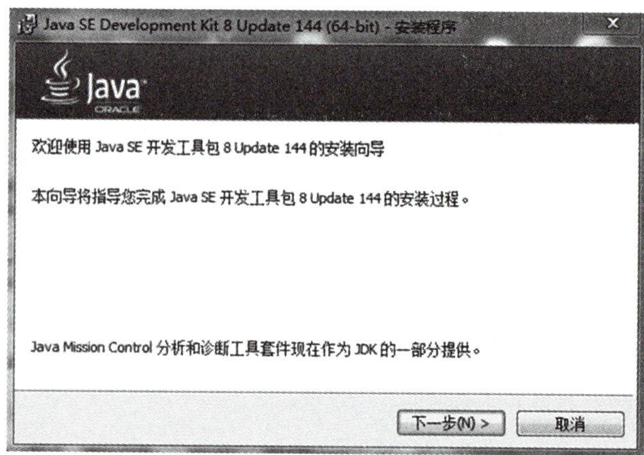

图 1-6　JDK8 安装界面

（6）单击“下一步”，进入定制安装界面，如图 1-7 所示。

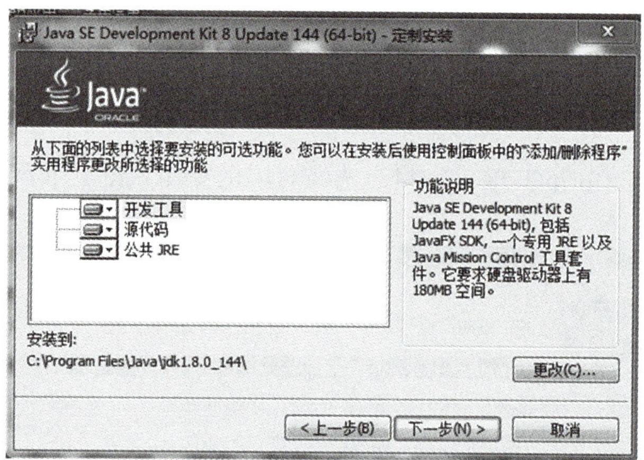

图 1-7　定制安装功能和路径

（7）单击“更改”按钮，进入更改安装目标文件夹界面，如图 1-8 所示。

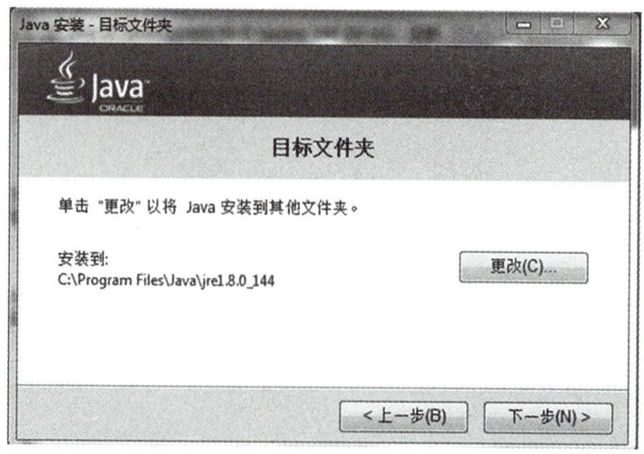

图 1-8　更改 JDK 的安装目录

（8）更改目录后，单击“下一步”，完成 JDK 的安装，如图 1-9 所示。

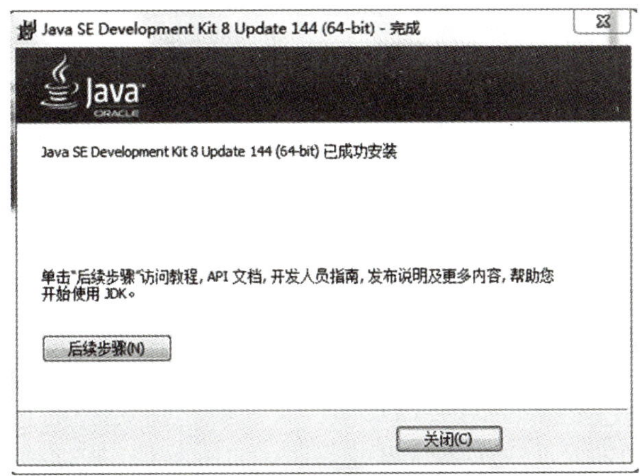

图 1-9　完成 JDK 安装

2. JDK 的运行环境配置

JDK 安装完成后，要进行相应的运行环境配置才能正确运行 Java 程序，配置步骤如下：

（1）在桌面“计算机”图标上单击鼠标右键，在弹出的菜单上选择“属性”项，在弹出的对话框中选择“高级系统设置”项，在弹出的对话框中选择“高级”选项卡，如图 1-10 所示。

（2）单击“环境变量 (N) ...”按钮，进入“环境变量”对话框，在“环境变量”对话框中的“系统变量”选项组中找到“path”变量，并选中它，然后单击“编辑”按钮，进入“编辑系统变量”对话框，如图 1-11 所示。

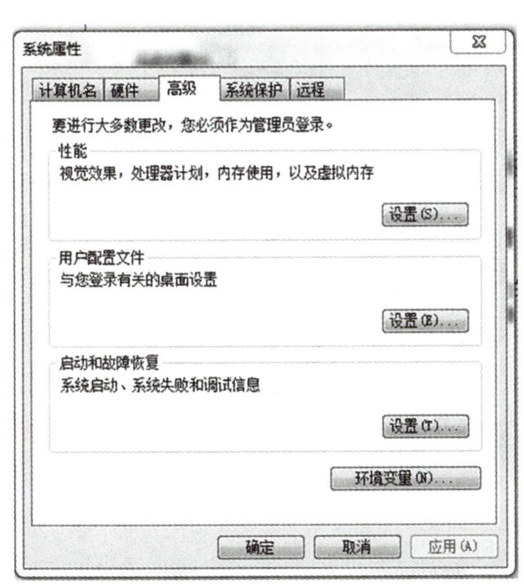

图 1-10　进入系统属性高级选项卡

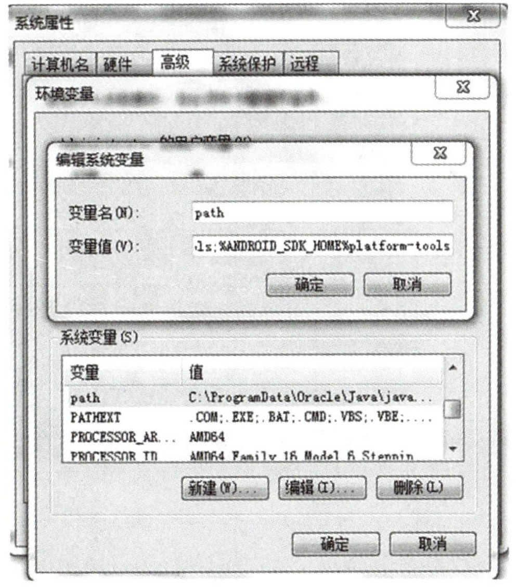

图 1-11　编辑系统变量 path 对话框

（3）在“变量值”一栏，将光标移到变量值的最末尾，输入“;C:\Program Files\Java\jdk1.8.0_144\bin”，单击“确定”按钮。

备注：C:\Program Files\Java\jdk1.8.0_144\ 为本书 JDK 的安装路径，读者可根据实际安装路径做相应的变动。

（4）单击“新建(W)...”按钮，在弹出的“新建系统变量”对话框中的变量名一栏输入：“classpath”，在变量值一栏输入：“.;C:\Program Files\Java\jdk1.8.0_144\lib;C:\Program Files\Java\jdk1.8.0_144\lib\dt.jar;C:\Program Files\Java\jdk1.8.0_144\lib\tools.jar”，如图 1－12 所示，单击“确定”按钮，完成 JDK 环境配置。

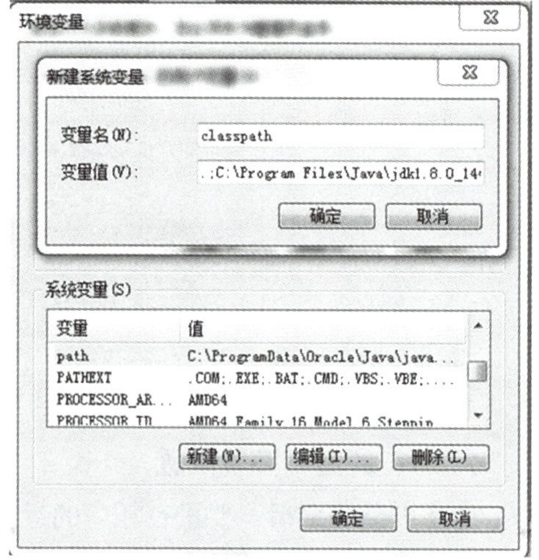

图 1－12　classpath 环境变量配置对话框

下面测试 JDK 的 path 路径配置是否正确。

在“开始”菜单中的“搜索程序和文件”文本框中输入“cmd”，按回车键，进入 Dos 命令提示符界面，如图 1－13 所示。

图 1－13　Dos 命令提示符界面

在命令提示符界面下输入：“java-version”命令，按回车键，出现如图 1－14 所示的界面。

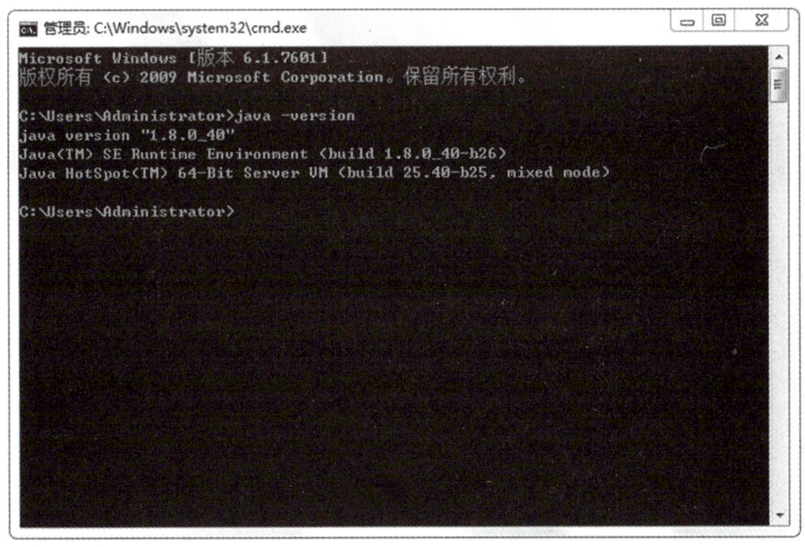

图 1 - 14　Java-version 命令显示界面

如果出现命令提示，表明 JDK 的环境变量配置正确。

1.3.5　第一个 Java Application 程序

安装好 JDK 并进行了正确的环境配置后，就可以进行 Java 程序的开发了，Java 程序开发的一般步骤如下：

（1）通过文本编辑器或者 Java 程序的集成开发环境来编写 Java 程序。

（2）对 Java 程序进行编译，如果编译没有错误，则会形成相应的 Java 程序的类文件（class 文件），如果编译有错误，则继续修改 Java 程序。

（3）运行 Java 程序的类文件。

按照以上 3 个步骤，下面举例讲解如何完成第一个 Java Application 程序的开发。

【例 1-1】 编辑 Java 源程序，在显示器上输出“This is first java program”字符串。

（1）编辑文件。

打开记事本或者 UltraEdit 编辑器软件，输入如下源代码，然后将该程序保存到 D 盘的根目录下，文件名为“TestFirstProgram.java”。

```
public class TestFirstProgram{
  public static void main(String [] args){
  System.out.println("This is first java program");
  }
}
```

（2）编译生成字节码文件。

单击“开始→所有程序→附件→命令提示符”，在 Dos 命令提示符下输入“d:”，将盘符切换到 D 盘的根目录下，如图 1 - 15 所示。

图 1 - 15　路径切换到 D 盘根目录下

在 D 盘根目录的命令提示符下输入 “javac TestFirstProgram.java”，按回车键，如图 1 - 16 所示。

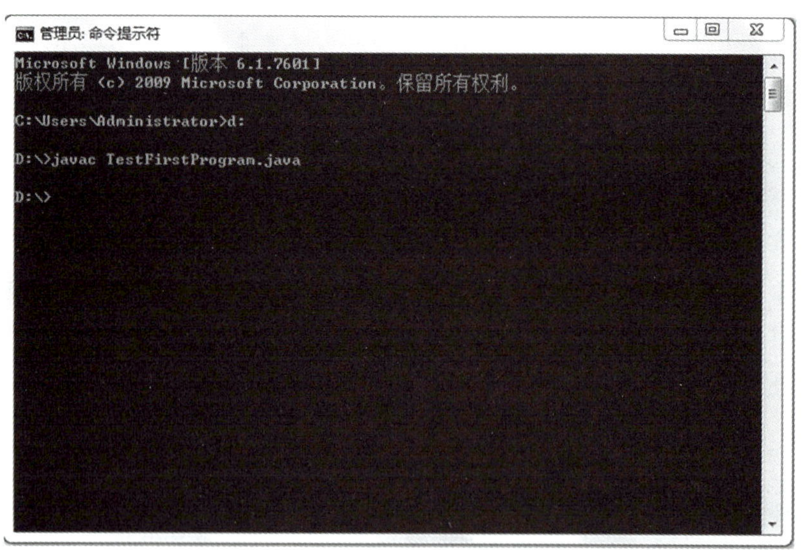

图 1 - 16　编译 TestFirstProgram 程序

如图 1 - 16 所示的内容，表示该程序没有编译错误，会在源目录下生成 TestFirst-Program.class 文件。

（3）运行程序。

运行该程序的 class 文件，在命令提示符下输入 “java TestFirstProgram”，按回车键，如图 1－17 所示。

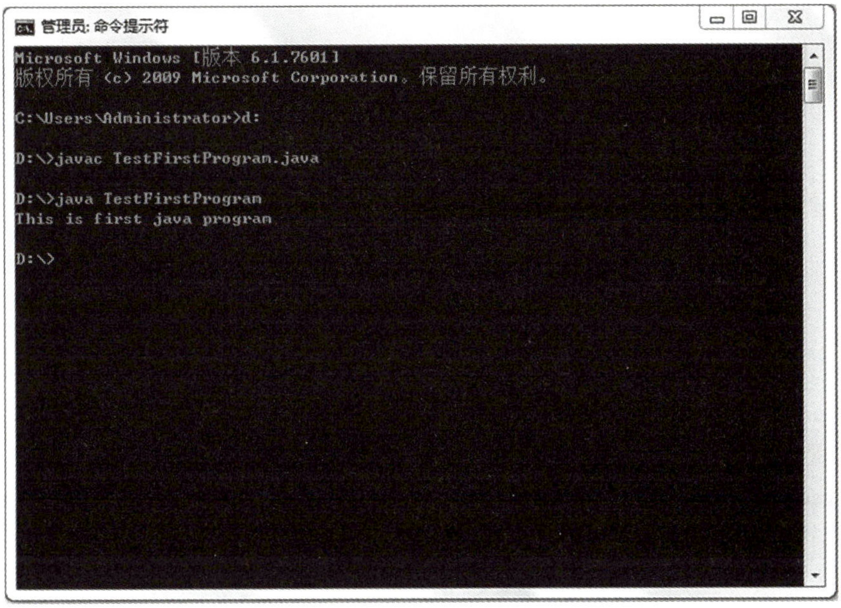

```
Microsoft Windows [版本 6.1.7601]
版权所有 (c) 2009 Microsoft Corporation。保留所有权利。

C:\Users\Administrator>d:

D:\>javac TestFirstProgram.java

D:\>java TestFirstProgram
This is first java program

D:\>
```

图 1－17　程序运行结果

程序运行的结果是显示“This is first java program”字符串。

1.4　任务进阶

1.4.1　Java applet 程序的使用

Java applet 程序也称为 Java 小应用程序，该程序本身不包含 main 方法，不能独立运行，必须镶嵌在 html 文件中才能运行。下面通过一个具体的 Java applet 的简单例子，来介绍 Java applet 小应用程序的编辑、编译和运行的过程。

【例 1-2】 Java applet 小程序输出“Hello World”。

（1）编辑：在 UltraEdit 文本编辑器中输入如下程序。

```
import java.awt.*;      // 引入 java.awt 包下所有的类
import java.applet.*;  // 引入 java.applet 包下所有的类
public class HelloWorldApplet extends Applet{
   public void paint(Graphics g){
      g.drawString("Hello World",50,50);
   }
}
```

保存到文件夹："D：\java\source\1"，文件名为"HelloWorldApplet.java"，即"D：\java\source\1\HelloWorldApplet.java"。

（2）编译：如图 1-18 所示。

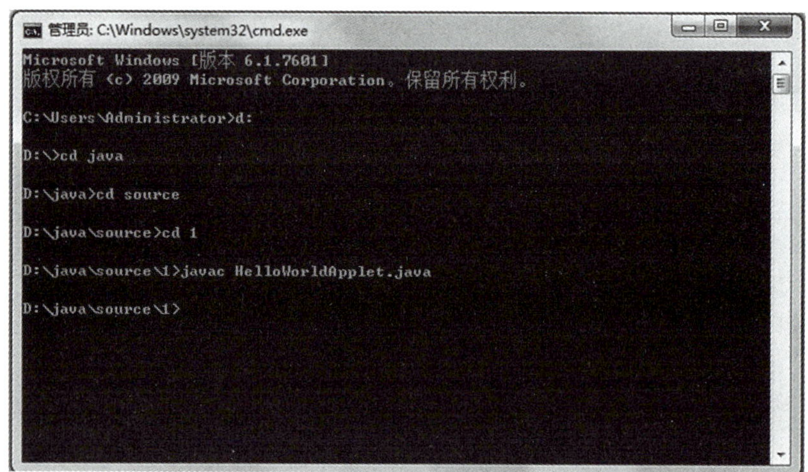

图 1-18　编译 HelloWorldApplet.java 文件

编译成功后，会在当前文件夹下形成一个 HelloWorldApplet.class 文件。

（3）运行：因为 Java applet 小应用程序没有 main 方法，不能独立运行，所以必须镶嵌在 html 网页文件中。

1）建立 html 网页文件：采用 UltraEdit 编辑器编辑一个 html 网页文件，将 HelloWorld-Applet.class 文件嵌入到网页文件中。

```
<html>
<head>
<title> This is a java applet </title>
</head>
<body>
<applet code="HelloWorldApplet.class" width=200 height=200 >
</applet>
</body>
</html>
```

网页文件编辑好后，保存到 HelloWorldApplet.java 同一个文件夹下，文件命名为：HelloWorldApplet.html。

2）运行该网页文件：网页文件可以通过浏览器来打开，双击该网页文件，执行的结果如图 1-19 所示。

```
管理员: C:\Windows\system32\cmd.exe - appletviewer  HelloWorldApplet.html
D:\java\source\1>dir
 驱动器 D 中的卷是 软件
 卷的序列号是 0003-CD76

 D:\java\source\1 的目录

2017/10/07  13:34    <DIR>          .
2017/10/07  13:34    <DIR>          ..
2017/10/07  11:11               383 HelloWorldApplet.class
2017/10/07  13:34               213 HelloWorldApplet.html
2017/10/07  13:33               212 HelloWorldApplet.html.bak
2017/10/07  11:08               183 HelloWorldApplet.java
               4 个文件            991 字节
               2 个目录 79,989,219,328 可用字节

D:\java\source\1>appletviewer HelloWorldApplet.html
```

图 1－19　appletviewer 运行 applet 命令窗口

也可以应用 appletviewer.exe 命令来执行 Java applet 小应用程序，在 Dos 命令窗口输入：appletviewer HelloWorldApplet.html。

运行的结果如图 1－20 所示。

图 1－20　HelloWorldApplet.html 运行结果

1.4.2　程序的注释

注释是对程序的说明，可提高程序的可读性和可维护性。注释语句不会被程序执行。Java 程序的注释有 3 种形式。

1. 单行注释

Java 中单行注释用符号“//”表示，从“//”符号开始直到此行末尾或者直到换行标记都会被作为注释内容。

2. 多行注释

符号“/* */”表示多行注释，符号“/*”和“*/”之间无论有几行说明均被视作注释内容。

3. 文档注释

文档注释用符号“/** */”表示，与多行注释一样，符号“/**”和“*/”之间的内容不论有几行都被视作注释内容。但当文档注释符号出现时，会被 Javadoc 文档工具读取为 Javadoc 文档内容，一般在 Web 页面开发时使用。

1.4.3　Eclipse 集成开发环境的使用

通过网络进入 Eclipse 官方网站（http://www.eclipse.org/），如图 1－21 所示。

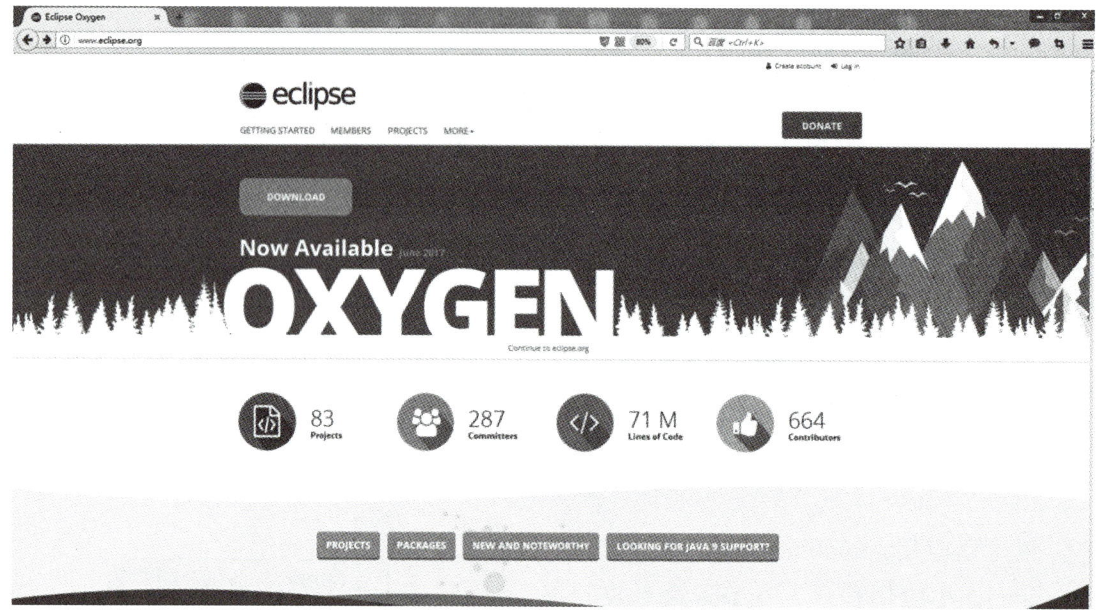

图 1－21　eclipse 官方网站

单击“PACKAGES”按钮，在进入的网页中选择“Eclipse IDE for Java Developers”，选择相应的操作系统的位数，单击“下载”，如图 1－22 所示。

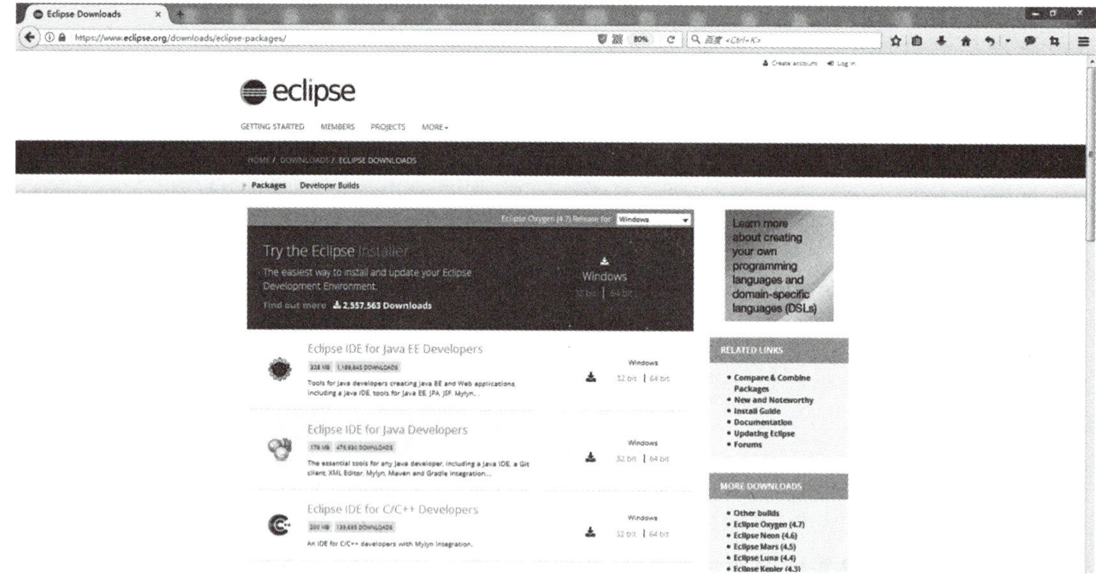

图 1－22　eclipse 下载页面

下载后，得到一个压缩文件，本书下载的是 Eclipse 集成开发环境软件 eclipse-java-oxygen-R-win32-x86_64.zip，解压缩，完成 Eclipse 的安装。打开 Eclipse 文件夹，双击 eclipse.exe 可执行文件，运行 Eclipse 软件，出现 Java 项目工作区的设置，如图 1－23 所示。

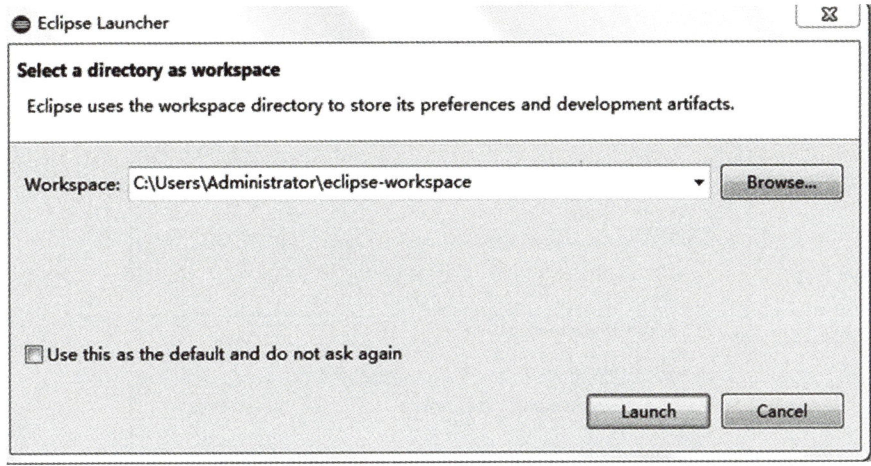

图 1－23　选择工作空间

单击“Browse...”按钮可以设置 Java 项目的工作区，本书暂且用默认的工作区，单击“Launch”按钮，启动 Eclipse 软件，显示如图 1－24 所示的界面。

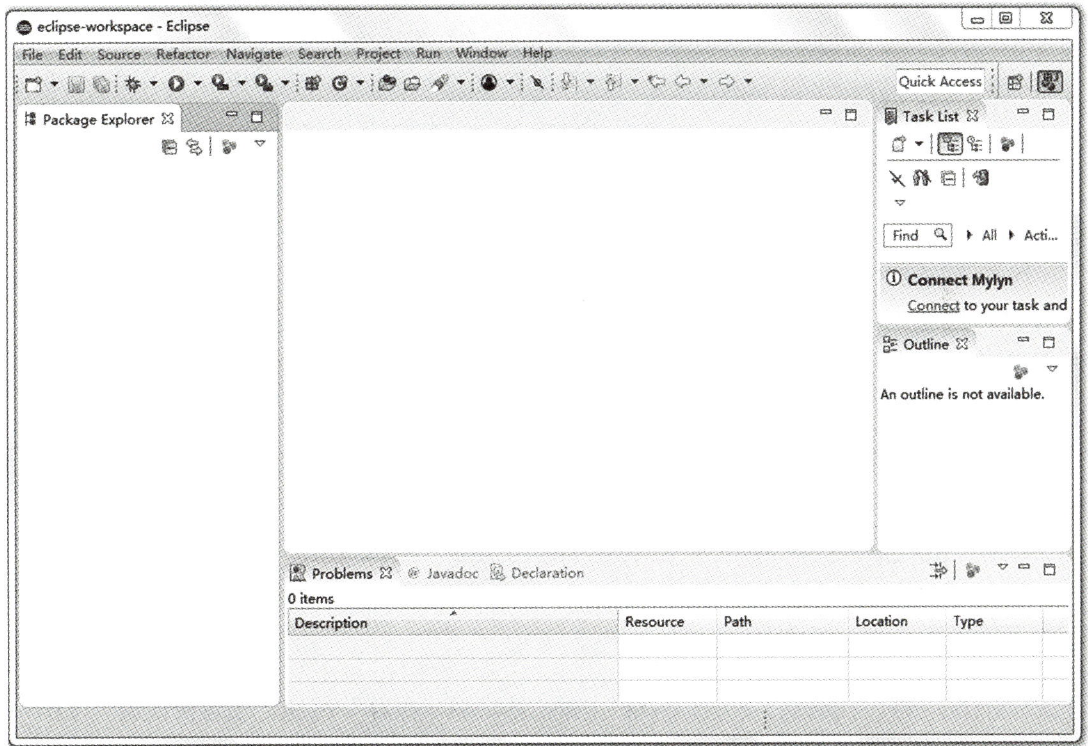

图 1－24　eclipse 工作界面

【例 1-3】 采用 Eclipse 集成开发环境，建立第一个 Java 项目，步骤如下。

（1）新建一个 java 项目。

依次单击菜单栏“文件→ new → Java Project”，出现如图 1－25 所示的界面。

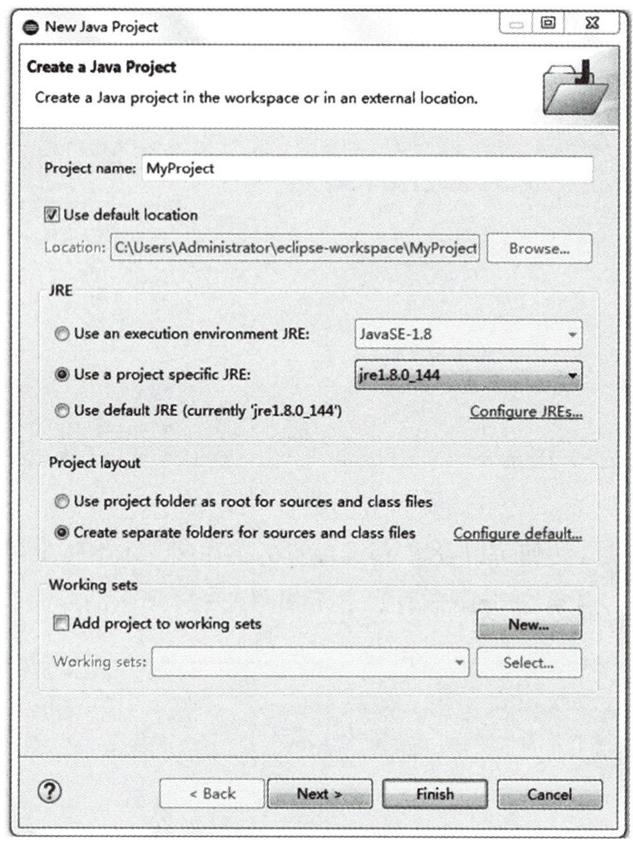

图 1-25　新建 Java 项目界面

在 Project name 栏输入要建立的 Java 项目名称，选中“Use default location”表示建立的 Java 项目默认存放的位置，也可以单击“Browse...”按钮，将建立的 Java 项目存放到想要的位置，其他按照缺省设置，单击“Finish”按钮。

（2）新建一个类文件。

在 Eclipse 环境中的“Package Explorer”上右击你的项目，选择“new → Class”，在出现的对话框中的“name”项目中输入 Java 程序文件名，如图 1-26 所示。

单击“Finish”按钮，出现 Java 程序的编写界面，如图 1-27 所示。

在 Eclipse 软件中，中间部分是代码的编写部分，在该区域写入代码，如图 1-28 所示。

（3）保存 Java 程序。

写好 Java 程序代码后，单击工具栏上的“ ”（“保存”按钮）或是快捷键“Ctrl + S”，在保存的同时，Eclipse 自动将源程序编译成字节码文件。如果源程序有语法错误，Eclipse 会智能提示。

（4）运行 Java 程序。

在 Eclipse 软件的菜单栏选择“Run → run”选项，或者单击 Eclipse 软件工具栏上的“ ”（“运行”按钮），运行程序，如图 1-29 所示。

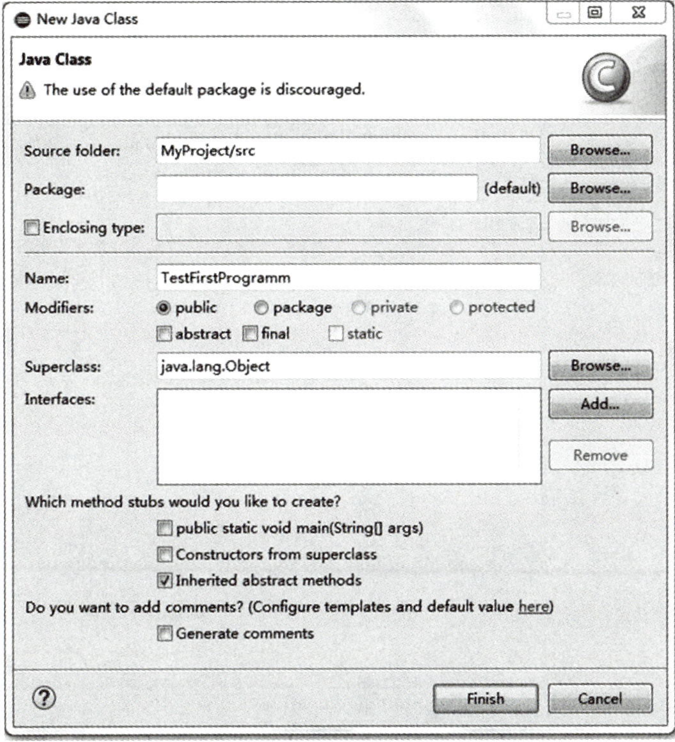

图 1-26　新建 Java 文件界面

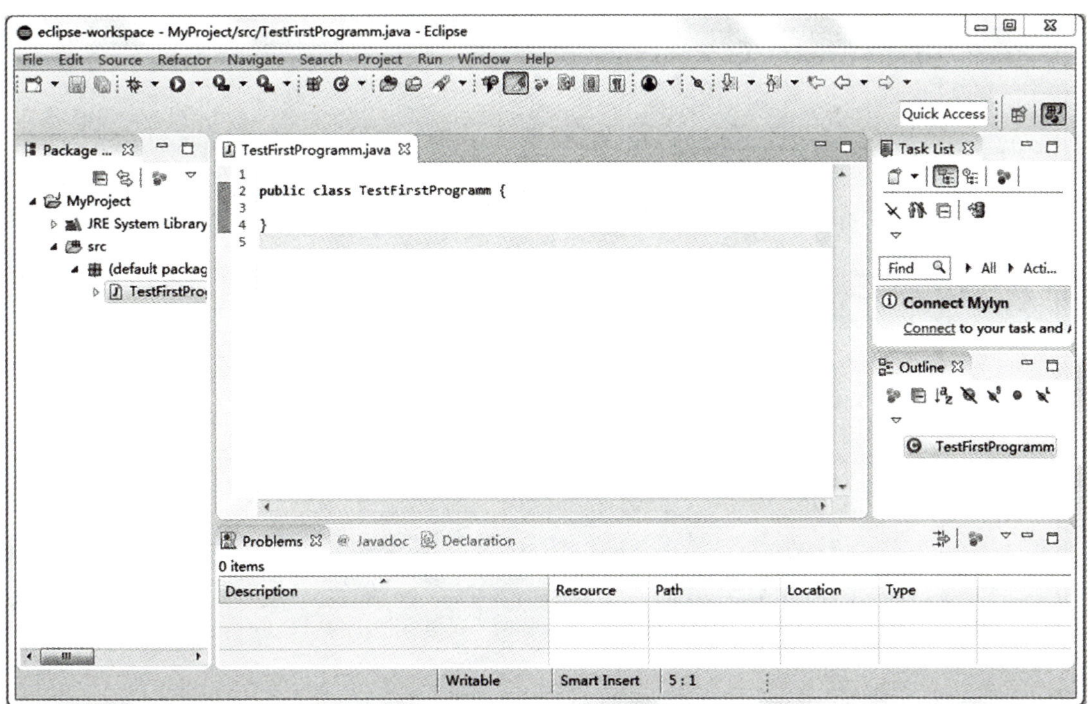

图 1-27　Eclipse 项目中编写源程序

（5）编辑 Java 程序代码。

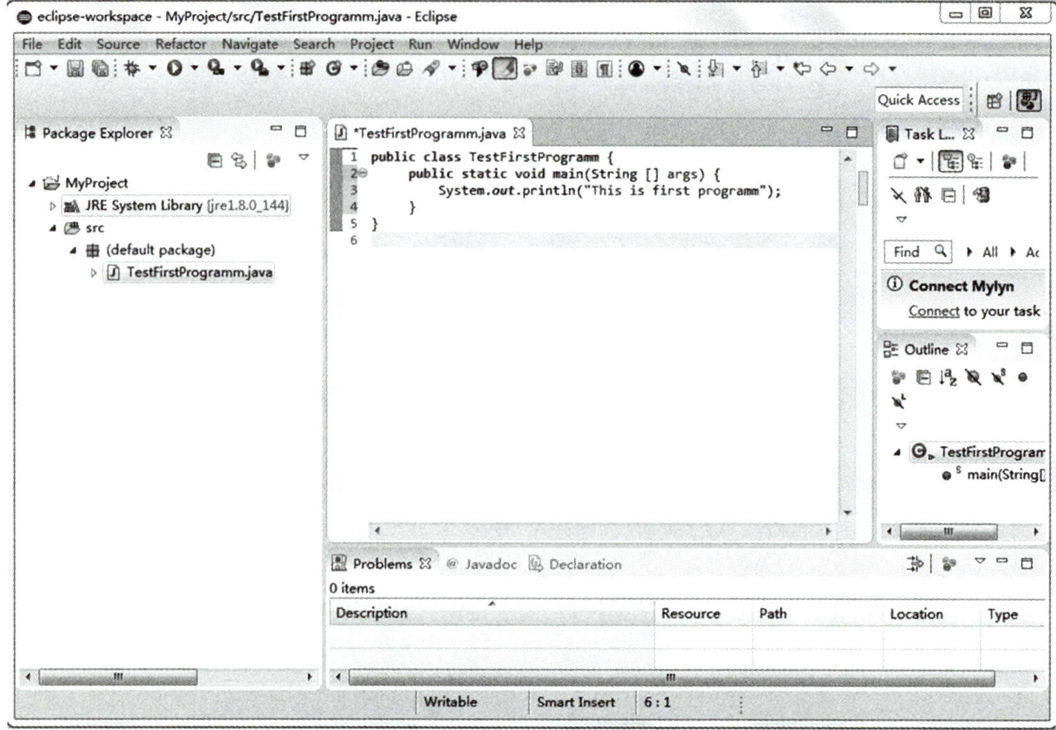

图 1－28　Eclipse 项目中编写源程序

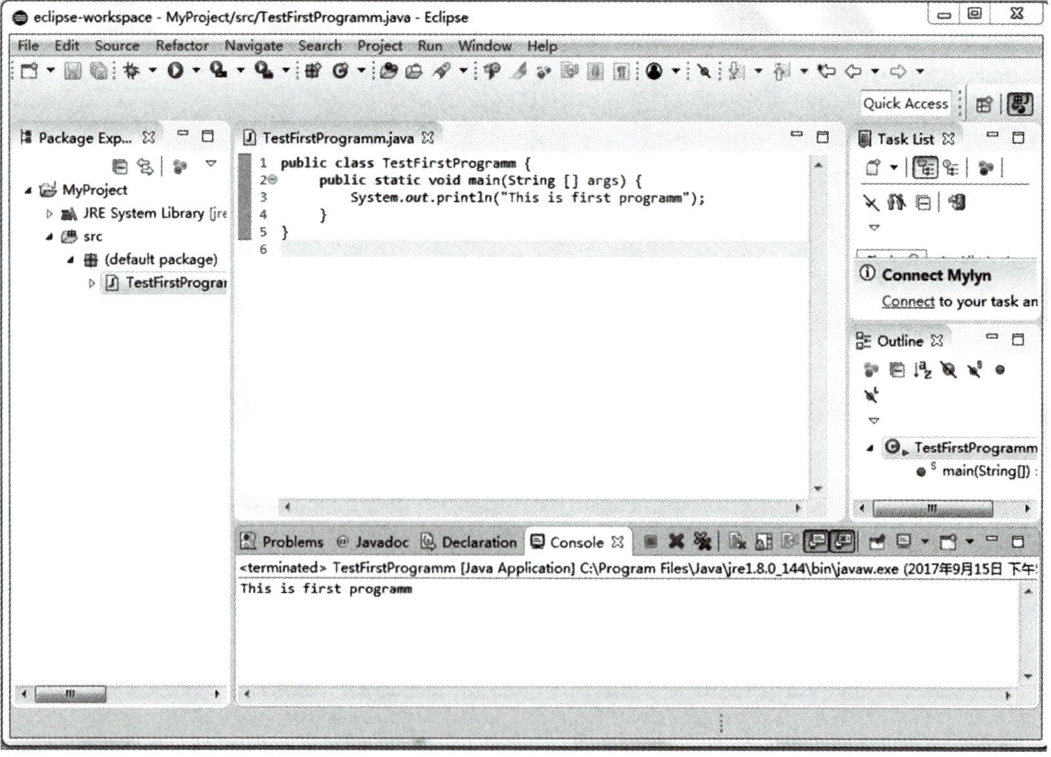

图 1－29　运行结果

Java 程序运行的结果在 Eclipse 环境中的“Console”控制台页面中显示。

1.5 任务总结

本章主要介绍了 Java 语言的特点和运行机制，JDK 的下载和安装，Java 程序运行环境变量配置，以及 Eclipse 集成开发环境的简单使用。通过本章的学习，学习者可以掌握 Java 程序的编辑、编译、运行的过程。

1.6 任务练习

1. Java 语言的特点是什么?

2. 练习并掌握 Java JDK 的安装与环境配置。

3. 练习并掌握在 Dos 命令提示符下运行 Java 程序。

4. 练习并掌握 Eclipse 的使用方法。

5. 编写一个 Application 源程序，输出：“Hello World!”，从而练习 Java 编辑、编译、运行程序的方法。

6. 编写一个 Applet 源程序，从而练习 Java 编辑、编译、运行程序的方法。

简单的 Applet 小程序如下：

```
import java.awt.*;
import java.applet.*;
   public class HelloWorldApplet extendsApplet{ // an applet
   public void paint(Graphics g){
      g.drawString( “Hello World in Applet!”, 300,350);
   }
}
```

第 2 章

Java 语言基础

2.1 任务描述

本章主要学习 Java 最基本的语法，包括标识符、关键字、常量和变量；Java 的基本数据类型、运算符、表达式以及常用的程序控制语句；数组的定义和使用等知识。

2.2 任务目的

- 掌握 Java 语言基本数据类型的使用方法
- 掌握 Java 语言的运算符、表达式
- 掌握 Java 语言程序控制语句
- 掌握 Java 程序数组的定义和使用方法

2.3 任务相关知识

2.3.1 Java 符号和注释

1. 标识符

Java 程序中对各种变量、方法和类等要素命名时使用的字符序列称为标识符。

标识符命名规则如下：

（1）标识符有字母、下划线“_”、美元符号“$”或数字。

（2）标识符应以字母、下划线、美元符号开头。

（3）Java 标识符对大小写敏感，对长度无限制。

（4）Java 标识符取名要尽量做到“见名知意”。

1）以下标识符取名合法。

HelloWorld
DataClass
_987
$bs5_C7

2）以下标识符取名不合法。

Hello World
Class
987
bs5.C7

2. 关键字

关键字也称为保留字，Java 程序中一些赋予特定的含义并用作专门用途的字符串称为关键字（Keyword）。Java 常用的关键字见表 2－1。

表 2－1　Java 常用的关键字

abstract	boolean	break	byte	byvalue*	case	cast
catch	char	class	const*	continue	default	do
double	else	extends	false	final	finally	float
for	future	generic	goto*	if	implements	import
inner	instanceof	int	interface	long	native	new
null	operator	outer	package	private	protected	public
rest	return	short	static	super	switch	synchronized
this	throw	throws	transient	true	try	var
volatile	while					

表 2－1 中所列关键字都不能在自定义的标识符中使用，带“*”的关键字表示目前尚未使用但以后要使用的。

2.3.2　常量与变量

1. 常量

常量是指在程序运行过程中其值不能发生改变的量。常量分为如下几种：

（1）整型常量：数值型数据为整型，如 123。

（2）实型常量：数值型数据为浮点型，如 12.3。

（3）字符常量：以单个引号括起来的单个字符，如‘a’，‘2’。

（4）字符串常量：以双引号括起来的字符串，如“abc”，“a”，“12”。

（5）逻辑常量：逻辑常量分为逻辑真和逻辑假，值为 true 和 false。

注：常量还可以表示值不可以变的变量，具体可以参考 final 定义的变量。

2. 变量

变量是指在程序运行过程中其值可以发生改变的量，是 Java 程序中的基本储存单元。

变量包括变量名和变量值两个部分，变量名就是用户自己来定义变量的名称，给变量命名符合标识符的规范；变量值则是存储在变量名的数据，修改变量的值仅仅改变存储单位中的数据，而不改变储存数据的位置，即变量名不能改变。

变量必须声明后才能使用，声明变量必须要指明该变量属于哪种数据类型。

Java 中的每个变量都要指明该变量属于哪种数据类型，因此一个变量一般要具备以下 3 个要素：

（1）变量的名称。给变量命名要符合标识符的规范。

（2）变量所属数据类型。变量在定义的时候要指明所属数据类型，这样才能使用。

（3）变量的初始值。变量在定义的时候，可以赋一个初始值，随着程序的执行，该值可以改变。

变量声明的格式为：

```
数据类型 变量名称 1[= 值 1][, 变量名称 2[= 值 2][,…]];
```

【例 2-1】 源程序名“Demo2_01.java”，该程序用于计算圆的半径为 20 的圆的面积，并输出。该程序用于讲解常量和变量的使用方法。

```
public class Demo2_01{
    public static void main(String [] args){
        final doublePI=3.1415926;
        int R=20;
        double S;
        S=PI*R*R;
    System.out.println(" 该圆的面积是 :"+S);
    }
}
```

程序运行的结果：

```
该圆的面积是:1256.63704
```

2.3.3 基本数据类型

Java 程序在定义变量的过程中，必须要指明该变量的所属数据类型，数据类型分为基本数据类型和引用数据类型。基本数据类型有 8 种，包括字节型（byte）、短整型

（short）、整型（int）、长整型（long）、单精度浮点型（float）、双精度浮点型（double）、字符型（char）、布尔型（boolean）；引用数据类型有 3 种，包括类类型（class）、接口类型（interface）、数组类型。本章只介绍基本数据类型和数组类型，其他两种数据类型在第三章中讲解。

1. 整型

整型数据类型分为 4 种，字节型、短整型、整型、长整型。

Java 语言整型常量的 3 种表示方式如下：

（1）十进制整数：用多个数字表示。除非是 0，不然首位不能是“0”，如，123，–315，0。

（2）八进制整数：Java 程序中采用八进制数表示时，必须在该整数前面加上一个“0”，如 023，0366。

（3）十六进制整数：Java 程序中采用十六进制数表示时，必须在该整数前面加上 0x，如 0x255，0xa1 等。

Java 各整数类型有固定的表示范围和字段长度，且不受具体操作系统的影响，以保证 Java 程序的可移植性。整型变量 4 种类型占存储空间的大小及取值范围见表 2 – 2。

表 2 – 2　Java 语言数据类型占存储空间的大小及取值范围

数据类型			关键字	存储空间 / 字节	取值范围
基本类型	整型	字节型	byte	1	$-2^7 \sim 2^7-1$
		短整型	short	2	$-2^{15} \sim 2^{15}-1$
		整型	int	4	$-2^{31} \sim 2^{31}-1$
		长整型	long	8	$-2^{63} \sim 2^{63}-1$

Java 程序中整型常量默认的为 int 型，声明长整型在整型常量后面要加上“l”或“L”。

```
int s=800;                    // 正确
long ss=999999999999L;        // 如果不加“l”或“L”，则错误
```

因为 999999999999 默认的是 int 型的值，但该值超出了 int 型的取值范围，所以会出错。将 999999999999 值转换为长整型就可以了，这个值没有超出长整型的取值范围。

2. 浮点型

浮点型数据就是实型数据，分为单精度浮点型和双精度浮点型。

Java 语言中浮点型常量有以下两种表示方法：

（1）十进制数形式：如 3.14，2.68。

（2）科学记数法形式：由十进制整数、小数点、小数和指数部分构成，指数部分由字符 E 或 e 和带正负号的整数表示。如：314.3，采用科学记数法表示为 3.143E+2 或者 3.143e2 或者 3.143E2；0.03143，采用科学记数法表示为 3.143e – 2 或者 3.143E – 2。

Java 各浮点型数据类型有固定的表示范围和字段长度，且不受具体的操作系统的影响，以保证 Java 程序的可移植性。浮点型变量占存储空间的大小以及取值范围见表 2－3。

表 2－3　Java 中的数据类型占存储空间的大小及取值范围

数据类型			关键字	存储空间 / 字节	取值范围
基本类型	浮点型	单精度	float	4	-3.4E38 ~ 3.4E38
		双精度	double	8	-1.7E308 ~ 1.7E308

Java 浮点型常量默认的是双精度浮点型常量，如果要声明一个常量为 float，则需在数字后面加“f”或“F”，如：

```
dobule d=123.4;         // 正确
float dd=123.4f;        // 如果 123.4 后面不加“f”或“F”，则是错误的
```

【例 2-2】 通过案例掌握整型数据类型和浮点型数据类型的使用方法。

```
public class Demo2_02 {
  public static void main(String[] args) {
    short sh=050;
    int i=0xA3;
    long lg=(long) 2.0E+10;
    byte by=(byte) 129;
    float ft=(float) 1.234;
    double db=34.56d;
    System.out.println(" 短整型变量的值 :sh="+sh);
    System.out.println(" 整型变量的值 :i="+i);
    System.out.println(" 长整型变量的值 :lg="+lg);
    System.out.println(" 字节型变量的值 :by="+by);
    System.out.println(" 单精度浮点型的值 :ft="+ft);
    System.out.println(" 双精度浮点型的值 :db="+db);
  }
}
```

程序运行的结果：

```
短整型变量的值:sh=40
整型变量的值:i=163
长整型变量的值:lg=20000000000
字节型变量的值:by=-127
单精度浮点型的值:ft=1.234
双精度浮点型的值:db=34.56
```

3. 字符型

字符型数据用来表示单个的字符。例如：

```
Char eChar= 'a';
char cChar= '中';
```

Java 字符采用 Unicode 编码，每个字符占两字节，取值范围在 0 ～ 65535 之间，也可以用十六进制编码形式表示。

```
Char c1= '\u0061'; // \u 表示后面的数字采用 Unicode 编码来表示
```

Java 语言中还允许使用转义字符 '\' 来将其后的字符转变为其他的含义，例如：Char c2= '\n'; // '\n' 表示换行符，Java 语言中常用的转义字符见表 2 - 4。

表 2 - 4 Java 语言中常用的转义字符

转义字符	引用方法	含义
\ddd	'\ddd'	1 ～ 3 位八进制数据表示的字符
\dxxxx	'\dxxxx'	4 位十六进制数据表示的字符
\'	'\''	单引号
\\	'\\'	反斜线
\b	'\b'	退格
\t	'\t'	tab
\n	'\n'	换行
\f	'\f'	换页
\r	'\r'	回车

4. 布尔型

布尔型是一种表示逻辑值的简单数据类型，它的取值只能是常量 true 或 false 中的一个。通常用于程序中的一些逻辑判断处理。

【例 2-3】 通过案例掌握简单数据类型的使用方法。

```
public class Demo2_03 {
    public static void main(String args[]) {
        char ch1='b';
        char ch2='\'';
        boolean n1=true;
        boolean n2=(3+2)<4;
        System.out.println(" 字符型变量的值 :ch1="+ch1+",ch2="+ch2);
        System.out.println(" 布尔型变量的值：n1="+n1+",n2="+n2);
    }
}
```

程序运行的结果：

```
字符型变量的值:ch1=b,ch2='
布尔型变量的值：n1=true,n2=false
```

2.3.4 基本数据类型转换

Java 是强类型语言，对数据类型的相容性进行检查以保证类型是兼容的。任何类型不匹配都报错。因此，我们在编写 Java 程序的时候要进行相关数据类型转换。数据类型转换有两种形式：自动类型转换和强制类型转换。

1. 自动类型转换

在数据类型兼容的情况下，取值范围小的数据类型向取值范围大的数据类型转换，称为自动转换。

（byte，char，short）→ int → long → float → double 转换

byte，short，char 之间不会互相转换，它们三者在计算时首先会转换为 int 类型。

2. 强制类型转换

在数据类型兼容的情况下，取值范围大的数据类型向取值范围小的数据类型转换，需要强制转换，这类转换会导致数据的精度损失和溢出。

多种类型的数据混合运算时，系统首先自动将所有数据转换成容量最大的那一种数据类型，然后再进行计算。

【例 2-4】 阅读如下程序，掌握数据类型之间的转换。

```
public class Demo2_04 {
    public static void main(String arg[]) {
        int i1 = 123;
        int i2 = 456;
        double d1 = (i1+i2)*1.2;            // 系统将转换为 double 型运算
        float f1 = (float)((i1+i2)*1.2);    // 需要加强制转换符
        byte b1 = 67;
        byte b2 = 89;
        byte b3 = (byte)(b1+b2);
        // 系统将转换为 int 型运算，需要加强制转换符
        System.out.println(b3);
        double d2 = 1e200;
        float f2 = (float)d2;               // 会产生溢出
    System.out.println(f2);
        float f3 = 1.23f;                   // 必须加 f
        long l1 = 123;
        long l2 = 30000000000L;             // 必须加 l
        float f = l1+l2+f3;                 // 系统将转换为 float 型计算
```

```
        long l = (long)f;                    // 强制转换会舍去小数部分（不是四舍五入）
    }
}
```

程序运行的结果：

```
-100
Infinity
```

2.3.5 运算符与表达式

运算符是一种特殊的符号，常和运算数一起组成运算式。由运算符和操作数组成的式子称作表达式。Java 语言常见的运算符见表 2－5。

表 2－5　Java 语言常见的运算符

运算符种类	运算符	说明
赋值运算符	=	二元运算符
算术运算符	+、-、*、/、%、++、--	除“++”"--“为一元运算符外，其他都是二元运算符
关系运算符	>、<、>=、<=、==、!=	二元运算符
逻辑运算符	||、&&、!	除“!”为一元运算符外，其他都是二元运算符
位运算符	&、|、~、^、<<、>>、>>>	除“~”为一元运算符外，其他都是二元运算符
三元运算符	? :	三元运算符

注：根据运算符的操作数个数可以将运算符分为一元运算符、二元运算符和三元运算符。

1. 算术运算符

算术运算符用于完成数学上的加（+）、减（-）、乘（*）、除（/）、取余（%）等运算。“++”“--”运算符用于完成一元操作数的自增和自减，Java 中的算术运算符见表 2－6。

表 2－6　算术运算符

运算符	用例	功能
+	a+b	求 a 与 b 之和
-	a-b	求 a 与 b 之差
*	a*b	求 a 与 b 之积
/	a/b	求 a 与 b 之商
%	a%b	求 a 与 b 相除的余数
++	a++	先引用 a 的值，a 的值加 1
	++a	a 的值先加 1，再引用 a 的值
--	a--	先引用 a 的值，a 的值减 1
	--a	a 的值先减 1，再引用 a 的值

【例 2-5】 通过案例掌握算术运算符的使用方法。

```
public class Demo2_05{
    public static void main(String [] args){
        int i1=10,i2=20;
        int i=(i2++);
        System.out.print("i="+i+",");
        System.out.println("i2="+i2);
        i=(++i2);
        System.out.print("i="+i+",");
        System.out.println("i2="+i2);
        i=(--i1);
        System.out.print("i="+i+",");
        System.out.println("i2="+i2);
        i=(i1--);
        System.out.print("i="+i+",");
        System.out.println("i2="+i2);
        inti3=i2%i1;
        System.out.println("i3="+i3);
    }
}
```

程序运行的结果:

```
i=20,i2=21
i=22,i2=22
i=9,i2=22
i=9,i2=22
i3=6
```

2. 赋值运算符和扩展赋值运算符

赋值运算符“=”是一个双目运算符。扩展赋值运算符就是把赋值运算符与算术运算符、逻辑运算符或位运算符中的双目运算符结合起来而形成的，见表 2－7。

表 2－7 赋值运算符和扩展赋值运算符

运算符	用例	功能
=	a=b	把 b 的值赋给 a
+=	a+=b	a=a+b
-=	a-=b	a=a-b
*=	a*=b	a=a*b
/=	a/=b	a=a/b
%=	a%=b	a=a%b

续表

运算符	用例	功能
&=	a&=b	a=a&b
^=	a^=b	a=a^b
|=	a|=b	a=a|b
<<=	a<<=b	a=a<<b
>>=	a>>=b	a=a>>b
>>>=	a>>>=b	a=a>>>b

【例 2-6】 通过案例掌握扩展赋值运算符的使用方法。

```
public class Demo2_06 {
    public static void main(String[] args) {
        int m=4;
        int n=8;
        n+=m;
        System.out.println("m="+m+",n="+n);
        String s1="s1";
        String s2="s2";
        s1+=s2;
        System.out.println("s1="+s1+",s2="+s2);
    }
}
```

程序运行的结果：

```
m=4,n=12
s1=s1s2,s2=s2
```

3. 关系运算符

关系运算符用于比较两个值之间的大小，结果返回 boolean 型的值。具体关系运算符见表 2－8。

表 2－8 关系运算符

运算符	用例	功能
==	a==b	如果 a 恒等于 b，结果为 true，否则，结果为 false
!=	a!=b	如果 a 不等于 b，结果为 true，否则，结果为 false
>	a>b	如果 a 大于 b，结果为 true，否则，结果为 false
>=	a>=b	如果 a 大于或等于 b，结果为 true，否则，结果为 false
<	a<b	如果 a 小于 b，结果为 true，否则，结果为 false
<=	a<=b	如果 a 小于或等于 b，结果为 true，否则，结果为 false

4. 逻辑运算符

逻辑运算符只能处理布尔值，处理结果仍然是布尔型值。Java 逻辑运算符有逻辑与（&）、逻辑或（|）、逻辑异或（^）、短路与（&&）和短路（||），其真值表见表 2－9。

表 2－9　逻辑运算符真值表

A	B	A&B	A|B	A^B	!A
true	true	true	true	false	false
true	false	false	true	true	false
false	true	false	true	true	true
false	false	false	false	false	true

短路与（&&）和逻辑与（&）运算规则相同，短路或（||）和逻辑或（|）的运算规则相同，只不过短路与（&&）和短路或（||）具有短路功能，举例如下。

【例 2-7】 通过案例掌握短路与（&&）和短路或（||）运算符的使用方法。

```
public class Demo2_07{
   public static void main(String [] args){
      int i=1,j=2;
      boolean flag1=(i>4)&&((++i+j)>5);// 第二个操作数将不再计算
      boolean flag2=(i<2)||((i+j)<6);      // 第二个操作数将不再计算
     System.out.println("flag1="+flag1);
     System.out.println("flag2="+flag2);
   }
}
```

程序运行的结果：

```
flag1=false
flag2=true
```

5. 三元运算符

三元运算符（? :）的语法格式为：

< 表达式 1>?< 表达式 2>:< 表达式 3>

表达式 1 的值是一个逻辑值，程序先计算表达式 1 的值，如果为 true，就将表达式 2 的值作为整个表达式的值，如果为 false，就将表达式 3 的值作为整个表达式的值。

【例 2-8】 通过案例掌握三元运算符的使用方法。

```
public class TernaryOperator{
   public static void main(String [] args){
      int score=80;
```

```
        int x=-100;
        String type=score<60?" 不及格 ":" 及格 ";
        int flag=x>0?1:(x==0?0:-1);
        System.out.println("type="+type);
        System.out.println("flag="+flag);
    }
}
```

程序运行的结果：

```
type=及格
flag=-1
```

6. 位运算符

Java 中可以使用位运算符直接对整数类型和字符类型的数据进行按位操作，Java 的位运算符有位非（~）、位与（&）、位或（|）、位异或（^）、位右移（>>）、位左移（<<）和无符号右移（>>>）。具体位运算符见表 2－10。

表 2－10　位运算符

运算符	用例	功能
~	~a	a 按位取反
&	a&b	a 与 b 按位与
|	a|b	a 与 b 按位或
^	a^b	a 与 b 按位异或
>>	a>>b	a 右移 b 位，若 a 的最高位为 1，左边补 1，否则补 0
<<	a<<b	A 左移 b 位，右边补 0
>>>	a>>>b	a 右移 b 位，左边补 0

【例 2-9】 通过案例掌握位运算符的使用方法。

```
byte a=9,b=10,c=15,d=42 则：
~c=-16        // 等价于二进制 ~00010000=11101111
c&d=10        // 等价于二进制 00010000&00101010=00001010
c^d=37        // 等价于二进制 00010000^00101010=00100101
c|d=47        // 等价于二进制 00010000|00101010=00101111
a<<2=36       // 等价于二进制 00001001<<2=00100100
b>>2=2        // 等价于二进制 00001010>>2=00000010
b>>>2=2       // 等价于二进制 00001010>>>2=00000010
```

程序如下：

```
public class Demo2_09{
```

```
    public static void main(String [] args){
        byte a=9,b=-10,c=15,d=42;
        System.out.println(~c);
        System.out.println(c&d);
        System.out.println(c^d);
        System.out.println(c|d);
        System.out.println(a<<2);
        System.out.println(b>>2);
        System.out.println(b>>>2);
    }
}
```

7. 运算符的结合性和优先级

在 Java 语言中，一条表达式往往包含多个运算符，哪个运算符先运算哪个运算符后运算也有一定的规则，即运算符运算的优先级。运算符运算的优先级从高到低排列见表 2－11。

表 2－11 运算符运算的优先级

优先级	运算符	含义	结合性
1	. [] ()	对象成员 数组下标 圆括号	从左到右
2	++ -- + - ~ !	自增 自减 正号 负号 位非 逻辑非	从右到左
3	* / %	乘 除 取余	从左到右
4	+ -	加 减	从左到右
5	<< >> >>>	左移 右移 无符号右移	从左到右
6	< <= > >=	小于 小于等于 大于 大于等于	从左到右
7	== !=	恒等 不等	从左到右
8	&	逻辑与（位与）	从左到右
9	^	逻辑异或（位异或）	从左到右
10	|	逻辑或（位或）	从左到右
11	&&	短路与	从左到右
12	||	短路或	从左到右
13	?:	三元运算符	从右到左
14	= 扩展赋值运算符	赋值 扩展运算符	从右到左

圆括号可以改变表达式中运算符的优先级别。

【例 2-10】 通过案例掌握运算符优先级的使用方法。

```
public class Demo2_10{
    public static void main(String [] args){
```

```
        int i=15;
        boolean flag=i<30 &&i%10!=0;
       System.out.println(flag);
    }
}
```

程序运行的结果：

```
true
```

2.3.6 Java 流程控制

对程序的语句执行流程进行控制叫程序流程控制，Java 中常用的流程控制语句包括顺序语句、选择语句、循环语句以及一些跳转语句。顺序结构就是从上往下依次执行。顺序结构是最简单、最基本的一种程序结构。

1. 选择语句

选择语句也就是条件语句，当满足某种条件就执行某段代码，不满足某种条件就执行另一段代码。选择语句分为 if 语句和 switch 语句。

（1）if 语句。

if 语句根据多种选择情况，分为单分支 if 语句、双分支 if 语句、多分支 if 语句。

1）单分支 if 语句。单分支 if 语句是最简单的 if 语句，基本语法格式为：

```
if( 表达式 ){
   语句块
}
```

if 后面的表达式是一个逻辑型的值，表达式的值如果为 true，程序就执行 if 后面花括号里面的语句块；否则就不执行语句块。

【例 2-11】 通过案例掌握简单 if 语句的使用方法。

```
public class Demo2_11 {
    public static void main(String[] args) {
        int i = 21;
        boolean n=false;
        if(i!=20) {
            n=true;
        }
        System.out.println(n);
    }
}
```

程序运行的结果：

```
true
```

2）双分支 if 语句。采用 if 和 else 语句配合来完成双分支 if 语句，相当于“如果……那么……”的意思。

语法格式为：

```
if( 表达式 ){
语句块 1
}else{
语句块 2
}
```

if 后面的表达式是一个逻辑型的值，表达式的值如果为 true，程序就执行 if 后面花括号里面的语句块；否则就执行 else 后面花括号里面的语句块。

【例 2-12】 通过案例掌握简单 if 语句的使用方法。

```
public class Demo2_12 {
    public static void main(String[] args) {
        int i = 20;
        boolean n = false;
        if(i!=20) {
            n=true;
        } else{
            System.out.println("i="+i);
        }
        System.out.println("n="+n);
    }
}
```

程序运行的结果：

```
i=20
n=false
```

3）多分支 if 语句。采用 if 与 else if 语句嵌套来完成多分支 if 语句，基本语法格式为：

```
if( 表达式 1){
    语句块 1
}else if( 表达式 2){
    语句块 2
```

```
  }
  …    // 省略了多条 else if 语句块
  else if( 表达式 n){
语句块 n
  }
  else{
  语句块 n+1
  }
```

表达式 1 一直到表达式 n 都是逻辑值，if 多分支程序执行过程：从上到下判断表达式的值，如果表达式的值都为 false，就执行 else 后面花括号里面的语句块，执行结束后，退出 if 多分支语句；如果某个表达式的值为 true，就执行该表达式下花括号里面的语句块，程序不对其后面的表达式值进行判断了，该 if 多分支语句结束。

【例 2-13】 通过案例掌握 if 多分支语句的使用方法。

```
public class Demo2_13 {
    public static void main(String[] args) {
        inti = 20;
        if(i< 20) {
            System.out.println("<20");
        } else if(i< 40) {
            System.out.println("<40");
        } else if(i< 60) {
            System.out.println("<60");
        } else
            System.out.println(">=60");
        System.out.println("100");
    }
}
```

程序运行的结果：

```
<40
100
```

（2）switch 语句。

if 多分支嵌套语句的分支较多时，程序的可读性降低。Java 提供了 switch 语句，该语句根据表达式的值来选择执行多分支语句，语法格式为：

```
switch( 表达式 ){
case 常量表达式 1：语句块 1;[break;]
case 常量表达式 2：语句块 2;[break;]
```

```
    ……
    case 常量表达式 n: 语句块 n;[break;]
    default:
        语句块 n+1;
}
```

switch 后面的表达式的值只能是 byte、short、int 类型或者是字符、字符串类型，根据表达式的值，依次与 case 后面的常量表达式值比较，当二者相等，则执行其后的语句，直到遇到 break 或 switch 语句则终止；case 常量表达式的值都不满足，则执行 default 后面的语句块。

【例 2-14】 通过案例掌握 switch 语句的使用方法。

```
public class Demo2_14{
    public static void main(String[] args) {
        int i = 8;
        switch(i) {
            case 1:
                System.out.println("A");
            case 8 :
                System.out.println("B");
            case 3 :
                System.out.println("C");
            case 2 :
                System.out.println("D");
                break;
            case 9 :
                System.out.println("E");
                break;
            default:
                System.out.println("error");
        }
    }
}
```

程序运行的结果：

```
B
C
D
```

2. 循环语句

循环语句是指在一定的条件下重复执行某些操作。Java 中的循环语句有 while 循环语句、do...while 循环语句和 for 循环语句。

（1）while 循环语句。

while 循环又称“当型”循环，语法格式为：

```
while( 表达式 ){
  循环体语句；
}
```

其中，循环条件表达式是一个布尔类型，而循环体语句是当循环条件表达式为真时要执行的语句，反之，则不执行该语句。while 语句的执行过程如图 2－1 所示。

（2）do...while 循环语句。

do...while 循环语句又称“直到型”循环，语法格式为：

```
do{
    循环体语句；
}while( 表达式 )
```

do...while 循环首先执行循环体，再判断循环条件，如果条件成立，则重复执行循环体；如果条件不成立，则结束循环。循环体至少被执行一次。do...while 循环的执行过程如图 2－2 所示。

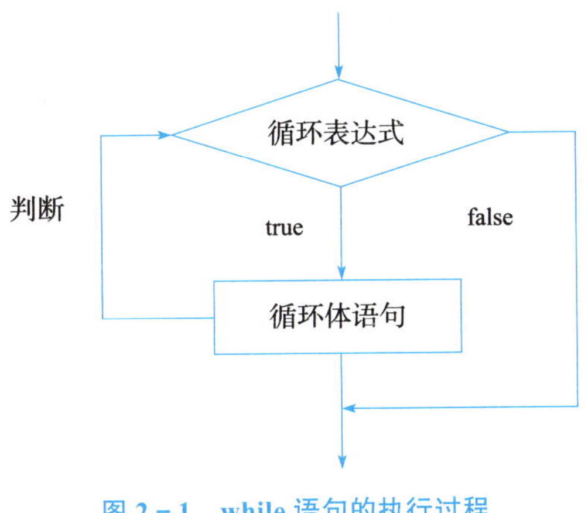

图 2－1　while 语句的执行过程

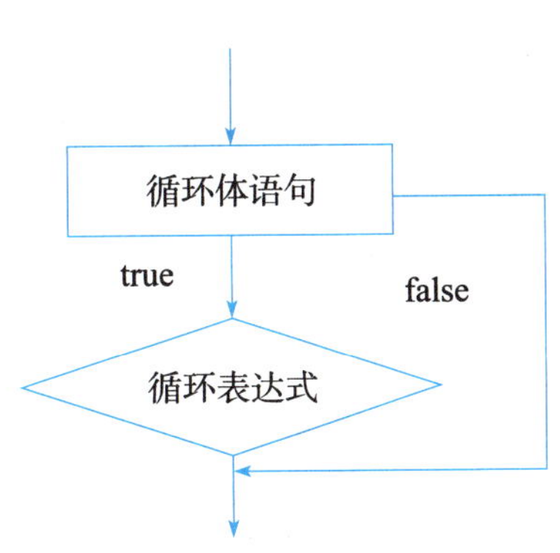

图 2－2　do...while 循环的执行过程

【例 2-15】 通过案例掌握 while 和 do...while 循环语句的使用方法。

```
public class Demo2_15 {
  public static void main(String[] args) {
    int i=3;
    while(i<3&&i>0) {
```

```
            i--;
            System.out.println("while 循环 "+i);
        }
        i=3;
        do {
            i--;
            System.out.println("do...while 循环 "+i);
        } while(i<3&&i>0);
    }
}
```

程序运行的结果：

```
do...while循环2
do...while循环1
do...while循环0
```

（3）for 循环语句。

for 循环的语法格式为：

```
for( 初始值表达式 ; 条件表达式 ; 修正表达式 ){
    循环体语句;
}
```

for 循环语句的执行过程如图 2－3 所示。

1）首先执行初始表达式，接着执行条件表达式，若条件表达式的值为 true，则执行循环体语句，转 2）；若为 false，则退出 for 循环语句。

2）执行修正表达式，然后再执行条件表达式，若条件表达式的值为 true，则执行循环体语句，转 2）；若为 false，则退出 for 循环语句。

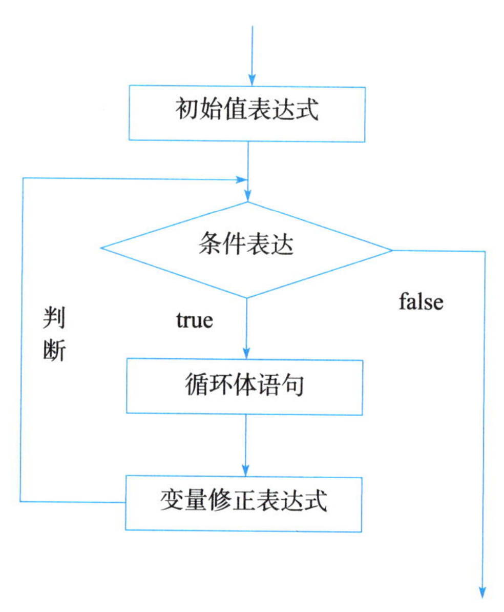

图 2－3　for 循环语句的执行过程

【例 2-16】 通过案例掌握 for 循环语句的使用方法，编程实现 1+3+5+…+99 的和。

```
public class Demo2_16{
    public static void main(String [] args){
        int sum=0;
        for(inti=1;i<=99;i=i+2){
            sum=sum+i;
        }
```

```
        System.out.println("The sum is="+sum);
    }
}
```

程序运行的结果：

```
The sum is=2500
```

3. 跳转语句

Java 中跳转语句有 3 个，break、continue 和 return，其中 break 语句和 continue 语句用在分支和循环语句中，控制程序执行的流程。return 语句一般用在方法中，用来返回方法的值。return 语句的讲解见第 3 章。

（1）break 语句。

break 表示终止，用在 switch 语句中表示终止比较；用在循环语句中表示强制退出本次循环。若 break 语句外有多层循环，那么 break 只能强制退出其所在的那层循环。

【例 2-17】 通过案例掌握 break 语句的使用方法，编程实现 1 ～ 50 之间的所有素数。

```
public class Demo2_17 {
    public static void main(String[ ] args) {
        System.out.println("1~50 间的所有素数是：");
        for(int i=1;i<=50;i++){
            for (int j=2;j<=i;j++){
                if(i==2){
                    System.out.print(i+"");
                    break;
                }
                if(i%j==0){
                    break;
                }
                if(j==i-1){
                    System.out.print(i+"");
                }
            }
        }
    }
}
```

程序运行的结果：

```
1~50间的所有素数是：
2 3 5 7 11 13 17 19 23 29 31 37 41 43 47
```

（2）continue 语句。

continue 语句是结束本次循环，不再执行 continue 后面的 Java 语句，继续执行下一次的循环语句。

【例 2-18】 通过案例掌握 break 语句的使用方法，编程实现 1 ～ 100 之间能够被 5 整除的所有数之和。

```
public class Demo2_18 {
   public static void main(String[ ] args) {
      System.out.println("1~100 之间能够被 5 整除的数有：");
      int sum=0;
      for(int i=1;i<=100;i++){
         if(i%5!=0){
            continue;
      }
   sum=sum+i;
       System.out.print(i+"");
      }
      System.out.print("\n");
      System.out.print(" 它们之和为： "+sum);
  }
}
```

程序运行的结果：

```
1~100之间能够被5整除的数有：
5 10 15 20 25 30 35 40 45 50 55 60 65 70 75 80 85 90 95 100
它们之和为：1050
```

2.3.7 Java 数组

数组属于 Java 的引用数据类型，它是由类型相同的数据组成的有序数据集合，分为一维数组和多维数组。

1. 一维数组

（1）一维数组的声明。

一维数组声明的格式有以下两种方式：

第一种方式为：

数据类型 数组名 [];

第二种方式为：

数据类型 [] 数组名 ;

数据类型可以是 Java 中任意的数据类型。两种定义方式表示的意思是一致的，以下数组声明都采用第一种方式。例如：

```
int iValue[]; 或 int []iValue;      // 声明一维整型数组 iValue
double b[];                         // 声明一维 double 型数组 b
```

（2）一维数组分配空间。

数组声明后，该数组在内存中还没有存储空间，只有给数组分配空间后，该数组才在内存中存在，数组名指向该内存空间的首地址。给数组分配空间采用 new 关键字，语法格式有以下两种：

1）声明数组的时候，给数组开辟空间，则语法格式为：

```
数据类型 数组名 []=new 数据类型 [ 数组大小 ];
```

例如：定义一个 double 类型的数组 dValue，该数组含有 10 个元素。

```
double dValue []=new double[10];
```

2）数组声明后，给数组开辟空间，则语法格式为：

```
数据类型  数组名 [];
数组名 =new 数据类型 [ 数组大小 ];
```

例如：定义一个 double 类型的数组 dValue，该数组含有 10 个元素。

```
double dValue [];
dValue=new double[10];
```

数组开辟空间后，数组的大小就确定了，数组中的各个元素就确定了，元素的下标从 0 开始，数组元素的引用方式为：

```
数组名 [ 下标 ];
```

比如上面例子给数组 dValue 定义了 10 个元素，这样 dValue 数组中含有：dValue[0], dValue[1], dValue[2], ……, dValue[9]10 个元素。

（3）一维数组的赋值。

完成数组的声明和开辟空间后，就要给数组赋值。数组赋值分为静态赋值和动态赋值。

1）静态赋值。在声明数组的同时给数组赋值，这种赋值方式称为静态赋值。

```
int iArray[]={1,2,3,4,5,6};
String strArray[]={ “zhangsan” , “lisi” , “wangwu” };
```

2）动态赋值。声明数组并给数组开辟空间后，再给数组赋值，这种赋值方式称为动态赋值。

```
String  strArray[];                 // 声明数组
strArray[]=new String[3];           // 给数组开辟空间
```

```
strArray[0]=" zhangsan" ;     // 给每个数组元素赋值
strArray[1]=" lisi" ;
strArray[2]=" wangwu" ;
```

3）默认赋值。给数组开辟空间后，即使没有给数组赋值，数组也会根据所属数据类型获得默认的初始值。

例如：给 double 型数组 dValue 分配 3 个元素：

```
double dValue[]=new double[3];
```

即使没有给 dValue 赋值，dValue 数组中元素也获得一个初始值，dValue[0]=0.0, dValue[1]=0.0, dValue[2]=0.0。

Java 数组中各数据类型默认的初始值见表 2 - 12。

表 2 - 12　Java 数组中各数据类型默认的初始值

数据类型	默认值	数据类型	默认值	数据类型	默认值
byte	0	long	0	char	'\u0000'
short	0	float	0.0f	boolean	false
int	0	double	0.0d	引用类型	null

【例 2-19】 通过案例掌握一维数组的使用方法，编程实现：定义一个整型数组，数组里面有 10 个元素，通过静态赋值给数组初始化，找出最大和最小的数并输出。

```
public class Demo2_19{
    public static void main(String [] args){
        int iArray[]={3,2,6,9,1,10,4,20,5,12};
        int max=iArray[0];
        int min=iArray[0];
        for(inti=1;i<10;i++){
            if(iArray[i]>max){
                max=iArray[i];
            }
            if(iArray[i]<min){
                min=iArray[i];
            }
        }
        System.out.println("iArray 数组中最大值 ="+max+","+"iArray 数组中最小值 ="+min);
    }
}
```

程序运行的结果：

```
iArray数组中最大值=20,iArray数组中最小值=1
```

2. 二维数组

（1）二维数组的声明。

二维数组可以看成一维数组的数组，二维数组声明的格式和一维数组相似，也有两种方式。

第一种方式为：

```
数据类型 数组名 [][];
```

第二种方式为：

```
数据类型 [][] 数组名 ;
```

数据类型可以是 Java 中任意的数据类型。如：

```
int iValue[][]; 或 int [][]iValue; // 声明二维整型数组 iValue
double dValue[][];                 // 声明二维 double 型数组 dValue
```

（2）二维数组分配空间。

二维数组通过 new 来分配空间，数组名后的第一个方括号 [] 中的整数值表示行数，第二个方括号 [] 中的整数值是列数，与一维数组一样，二维数组的下标都是从 0 开始，数组名指向该内存空间的首地址。语法格式分以下两种：

1）声明数组的时候，给数组开辟空间，则语法格式为：

```
数据类型 数组名 [][]=new 数据类型 [ 行数组大小 ][ 列数组大小 ];
```

例如：定义一个 double 类型的数组 dValue，该数组含有 5 个行元素和 10 个列元素，总共有 50 个元素。

```
double dValue [][]=new double[5][10];
```

2）数组声明后，给数组开辟空间，则语法格式为：

```
数据类型  数组名 [][];
数组名 =new 数据类型 [ 行数组大小 ][ 列数组大小 ];
```

例如：定义一个 double 类型的数组 dValue，该数组含有 50 个元素。

```
double dValue [][];
dValue=new double[5][10];
```

3）开辟不规则空间。二维数组可以开辟不规则空间，在开辟空间的时候，必须先指定行数，每行对应的列数可以不相等。

例如：定义一个 int 类型的数组 iValue，该数组行组数大小为 3，第 1 行开辟列数组大小为 5，第 2 行开辟列数组大小为 3，第 3 行开辟列数组大小为 7。

```
int iValue[][]=new int[3][];      // 声明二维数组，给二维数组指定行数组大小
iValue[0]=new int[5];             // 为二维数组的第 1 行分配 5 个列数组元素
```

```
iValue[1]=new int[3];           // 为二维数组的第 1 行分配 3 个列数组元素
iValue[2]=new int[7];           // 为二维数组的第 1 行分配 7 个列数组元素
```

（3）二维数组的赋值。

1）静态赋值。二维数组静态赋值和一维数组静态赋值一样，在声明数组的同时给数组赋值。

```
int iArray[][]={{1,2,3},{4,5,6,7}, {8,9}};
String strArray[][]={{ “zhangsan” ,“lisi” ,“wangwu” },{ “how” , “are” , “you” }};
```

2）动态赋值。声明数组并给数组开辟空间后，再给数组赋值，这种赋值方式称为动态赋值。

```
double  bArray[][]=new double[2][3];
// 声明数组并给数组开辟空间
// 给每个数组元素赋值
bArray[0][0]=1.0;bArray[0][1]=2.0; bArray[0][1]=8.0;
bArray[1][0]=3.0;bArray[1][1]=4.0; bArray[0][1]=7.0;
bArray[2][0]=5.0;bArray[2][1]=6.0 ;bArray[0][1]=9.0;
```

3）默认赋值。二维数组其实是一维数组的数组，给二维数组开辟空间后，也获得默认的初始值，与一维数组默认的初始值一样。

【例 2-20】 通过案例掌握二维数组的使用方法。编程实现：定义一个 4 行 5 列 double 型二维数组，用键盘输入值，编程并找出最大值输出，并输出相应的行号和列号。

```
import java.util.Scanner;
import java.io.*;
public class Demo2_20{
public static void main(String [] args){
    double dArray[][]=new double[4][5];
     Scanner sc=new Scanner(System.in);
    // 给数组赋值
    for(inti=0;i<4;i++){
        for(intj=0;j<5;j++){
            dArray[i][j]=sc.nextDouble();
        }
    }
    // 从数组中找出最大值
    double max=dArray[0][0];
    int iIndex=0,jIndex=0;
```

```
        for(inti=0;i<4;i++){
            for(intj=0;j<5;j++){
                if(dArray[i][j]>max){
                    max=dArray[i][j];
                    iIndex=i;
                    jIndex=j;
                }
            }
        }
        System.out.println(" 该数组最大值是 :"+max);
        System.out.println(" 该数组最大值对应的行号 :"+iIndex+","+" 列号：  "+jIndex);

    }
}
```

程序运行的结果：

```
21 30 52 41 24
50 5  61 35 6
70 45 3  56 8
9  59 45 25 66
该数组最大值是:70.0
该数组最大值对应的行号:2,列号:0
```

2.4　任务进阶

2.4.1　掌握一个字符、字符串、数值的输入与输出

1. 单个字符输入与输出

【例 2-21】 编制一个程序，接收用户用键盘输入的一个字符并输出。

```
import java.io.*;
public class Demo2_21{
    public static void main(String args[]) {
        char c='a';
        System.out.print("Enter a character please:");
        try{
            c=(char)System.in.read();
            System.out.println("You've entered character "+c);
                }catch(IOException e){
                };
```

```
    }
}
```

程序运行的结果：

```
Enter a character please:A
You've entered character A
```

2. 字符串的输入输出

【例 2-22】 编制一个程序，接收用户用键盘输入的一个字符串并输出。

```
import java.io.*;
public class Demo2_22 {
    public static void main(String[] args) throws IOException{
        BufferedReader buf=new BufferedReader(new InputStreamReader(System.in));
        String str;
        System.out.print(" 请输入一个字符串：");
         str=buf.readLine();
        System.out.println(" 您输入的字符串是："+str);
    }
}
```

程序运行的结果：

```
请输入一个字符串：Demo2_22
您输入的字符串是：Demo2_22
```

3. 数值的输入与输出

用键盘输入数值类型的数据，采用 Scanner 类，调用该类中的 next×××（）方法来完成数据的输入，如下：

```
nextInt()          // 表示键盘接受一个整型数据
nextDouble()       // 键盘接受一个 double 类型的数据
nextFloat()        // 键盘接受一个 float 类型的数据
nextLong()         // 键盘接受一个 long 类型的数据
```

【例 2-23】 编制一个程序，接收用户用键盘输入的一个整型数据，之后把用户输入的数据输出来。

```
import java.io.*;
public class Demo2_23 {
    public static void main(String [] args) throws IOException{
        intnum;
        String str;
```

```
        BufferedReader buf=
        new BufferedReader(new InputStreamReader(System.in));
        System.out.print(" 请输入一个整数：");
        str=buf.readLine();                    // 将输入的文字指定给字符串变量
        num=Integer.parseInt(str);             // A 行
        System.out.println(" 这个整数是："+num);
    }
}
```

程序运行的结果：

```
请输入一个整数：100
这个整数是：100
```

2.4.2 循环嵌套应用

循环嵌套是指循环体中包含了其他循环语句的情况，循环语句有 while 语句、do... while 语句和 for 语句，它们自身进行嵌套，也可以相互嵌套。部分循环嵌套语法格式如图 2－4 所示，实际循环嵌套形式还有很多种。

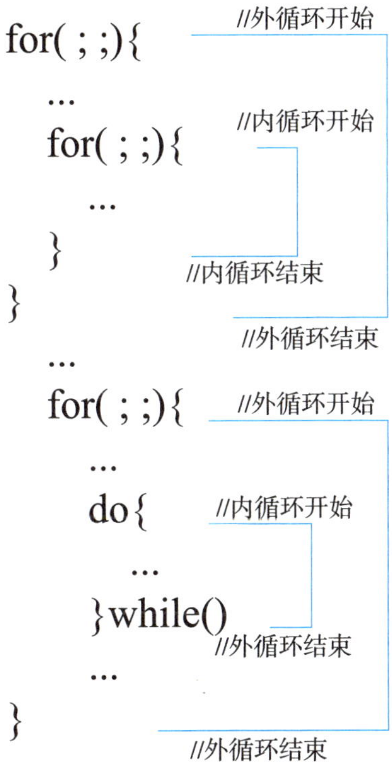

```
for( ; ;){              //外循环开始
  ...
  for( ; ;){            //内循环开始
     ...
  }                     //内循环结束
}                       //外循环结束
  ...
  for( ; ;){            //外循环开始
     ...
     do{                //内循环开始
        ...
     }while()           //外循环结束
     ...
}                       //外循环结束
```

图 2－4　循环嵌套语法格式

【例 2-24】 输出九九乘法表，要求按照如下格式输出：

1*1=1

2*1=2 2*2=4

3*1=3 3*2=6 3*3=9

4*1=4 4*2=8 4*3=12 4*4=16

5*1=5 5*2=10 5*3=15 5*4=20 5*5=25

6*1=6 6*2=12 6*3=18 6*4=24 6*5=30 6*6=36

7*1=7 7*2=14 7*3=21 7*4=28 7*5=35 7*6=42 7*7=49

8*1=8 8*2=16 8*3=24 8*4=32 8*5=40 8*6=48 8*7=56 8*8=64

9*1=9 9*2=18 9*3=27 9*4=36 9*5=45 9*6=54 9*7=63 9*8=72 9*9=81

程序代码如下：

```
public class Demo2_24{
  public static void main(String [] args){
    for(inti=1;i<10;i++){
      for(intj=1;j<10;j++){
System.out.println(i+"*"+j+"="+i*j+"");
        if(i==j){
System.out.println("");
        break;
  }
      }
    }
  }
}
```

程序运行的结果：

```
1*1=1
2*1=2  2*2=4
3*1=3  3*2=6  3*3=9
4*1=4  4*2=8  4*3=12  4*4=16
5*1=5  5*2=10  5*3=15  5*4=20  5*5=25
6*1=6  6*2=12  6*3=18  6*4=24  6*5=30  6*6=36
7*1=7  7*2=14  7*3=21  7*4=28  7*5=35  7*6=42  7*7=49
8*1=8  8*2=16  8*3=24  8*4=32  8*5=40  8*6=48  8*7=56  8*8=64
9*1=9  9*2=18  9*3=27  9*4=36  9*5=45  9*6=54  9*7=63  9*8=72  9*9=81
```

2.4.3 数组应用

【例 2-25】 冒泡排序。

基本思想：在要排序的一组数中，对当前还未排好序的全部数，自上而下进行比较和调整。依次比较相邻的两个数，让较大的数往下沉，较小的数往上浮。

第一趟比较：首先比较第 1 个数和第 2 个数，将小数放前，大数放后；然后比较第 2 个数和第 3 个数，将小数放前，大数放后。如此继续，直至比较最后两个数，将小数放前，大数放后。第二趟比较是重复第一趟的步骤，直至全部排序完成。

第一趟比较完成后，最后一个数一定是数组中最大的一个数，所以第二趟比较的时候，最后一个数不参与比较；第二趟比较完成后，倒数第二个数也一定是数组中第二大的数，所以第三趟比较的时候，最后两个数不参与比较。

依此类推，每一趟比较次数 -1。

举例说明：要排序数组：int[] arr={7,4,8,3,9,2};

第一趟排序：

第一次排序：7 和 4 比较，7 大于 4，交换位置： 4 7 8 3 9 2

第二次排序：7 和 8 比较，7 小于 8，不交换位置：4 7 8 3 9 2

第三次排序：8 和 3 比较，8 大于 3，交换位置： 4 7 3 8 9 2

第四次排序：8 和 9 比较，8 小于 9，不交换位置：4 7 3 8 9 2

第五次排序：9 和 2 比较：9 大于 2，交换位置： 4 7 3 8 2 9

第一趟总共进行了 5 次比较，排序结果： 4 7 3 8 2 9

第二趟排序：

第一次排序：4 和 7 比较，4 小于 7，不交换位置：4 7 3 8 2 9

第二次排序：7 和 3 比较，7 大于 3，交换位置： 4 3 7 8 2 9

第三次排序：7 和 8 比较，7 小于 8，不交换位置：4 3 7 8 2 9

第四次排序：8 和 2 比较，8 大于 2，交换位置： 4 3 7 2 8 9

第三趟总共进行了 4 次比较，排序结果： 4 3 7 2 8 9

第三趟排序：

第一次排序：4 和 3 比较，4 大于 3，交换位置： 3 4 7 2 8 9

第二次排序：4 和 7 比较，4 小于 7，不交换位置：3 4 7 2 8 9

第三次排序：7 和 2 比较，7 大于 2，交换位置： 3 4 2 7 8 9

第三趟总共进行了 3 次比较，排序结果： 3 4 2 7 8 9

第四趟排序：

第一次排序：3 和 4 比较，3 小于 4，不交换位置：3 4 2 7 8 9

第二次排序：4 和 2 比较，4 大于 2，交换位置： 3 2 4 7 8 9

第四趟总共进行了 2 次比较，排序结果： 3 2 4 7 8 9

第五趟排序：

第一次排序：3 和 2 比较，3 大于 2，交换位置：2 3 4 7 8 9

第五趟总共进行了 1 次比较，排序结果：　　　2 3 4 7 8 9

最终结果：　　　　　　　　　　　　　　　　2 3 4 7 8 9

```
public class bubbleSort {
   public static void main(String [] args){
      int a[]={49,38,65,97,76,13,27,49,78,34,12,64,5,4};
      int temp=0;
      for(inti=0;i<a.length-1;i++){
         for(intj=0;j<a.length-1-i;j++){
            if(a[j]>a[j+1]){
               temp=a[j];
               a[j]=a[j+1];
               a[j+1]=temp;
      }
}
}
      for(inti=0;i<a.length;i++)
         System.out.print(a[i]+"");
   }
}
```

程序运行的结果：

```
4 5 12 13 27 34 38 49 49 64 65 76 78 97
```

2.5 任务总结

本章主要介绍了 Java 的基础知识，包括标识符、关键字、常量、变量、基本数据类型、运算符、表达式以及程序的流程控制和数组的相关知识。

标识符主要用于变量、方法、类和包的命名，关键字通常也称为保留字，Java 语言本身已经使用并赋予特定意义的一些符号，读者在自己命名标识符的时候，不可以与这些关键字相同。

常量就是一些不能改变的量，变量刚好相反，是在程序运行的过程中可以改变的量。在定义变量之前，一定要确定该变量的所属数据类型，Java 的数据类型分为基本数据类型和引用数据类型，基本数据类型有 8 种，分别为：byte 字节型、short 短整型、int 整型、long 长整型，float 单精度浮点型、double 双精度浮点型、char 字符型、boolean 布尔型；引用数据类型有 3 种，分别为：class 型、数组类型、interface 类型。

Java 的运算符包括算术运算符、赋值运算符、关系运算符、逻辑运算符、位运算符、扩展赋值运算符、三元运算符等。运算符中较难掌握的是位运算符，以及算术运算符中的除运算符（/)、求余运算符（%)、自增运算符（++）和自减运算符（--）以及逻辑运算符中的短路与运算符（&&）和短路或运算符（||)。

对于 Java 表达式，主要掌握表达式运算的先后顺序，也就是运算符的优先级，通过加圆括号“( )”来改变运算符的优先级。

Java 程序的控制流程由顺序结构、选择结构、循环结构以及一些跳转语句等组成。

选择结构语句主要有 if 语句、if...else 语句以及 switch 语句。

循环结构语句主要有 while 语句、do...while 语句以及 for 语句，while 语句和 do...while 语句的主要区别在于 while 语句循环体可能一次都不做，但 do...while 语句的循环体至少做一次。for 语句灵活，在实际编程中使用较多。

数组是引用数据类型，数组中的每个元素都具有相同的数据类型，数组在使用之前要经过声明、分配内存空间和赋值几个环节，数组分为一维数组和多维数组。

2.6 任务练习

1. 编程实现：求 1+2+3+…+n 的和，并输出。

2. 编程实现：求 n！，并输出。

3. 在第 1 题和第 2 题的基础上，编程实现求 1！ +2！ +3！ +…+n！的和，并输出。

4. 编程求 1-2+3-4+5-6+…+99-100 的值。

5. 用键盘输入一个正整数，判断此正整数是否是素数。

6. 百钱买百鸡问题：用 100 元买 100 只鸡，公鸡 4 元 1 只，母鸡 3 元 1 只，小鸡 1 元 4 只。编程，求公鸡、母鸡和小鸡应各买多少只？

7. 水仙花数是三位数，它的各位数字的立方和等于这个三位数本身，例如：153=27+125+1，153 就是一个水仙花数。找出所有水仙花数。

8. 编写一个程序，要求将一个浮点数强制转化成整型后再输出。

9. 计算出 100 至 1 000 之间最大的 5 个素数，放入数组中，并计算出其累加和。

10. 采用递归函数编写程序，求数列：1，1，2，3，5，8，…第 40 个数的值。数列满足递推公式：$F_1=F_2=1$；$F_n=f_{n-1}+f_{n-2}(n>2)$。

第 3 章

Java 面向对象

3.1 任务描述

本章主要学习 Java 面向对象程序设计的基本知识，包括类的定义、类的成员变量、成员方法、类的构造方法、对象的定义和使用、类的继承、类的访问控制和修饰符、对象转型、多态、抽象类、接口等相关知识。

3.2 任务目的

- 掌握 Java 类的定义
- 掌握 Java 类的成员变量和成员方法的定义
- 掌握对象的创建和使用方法
- 掌握类的构造方法、创建和使用方法
- 掌握类的继承
- 掌握类的访问控制修饰符
- 掌握类的对象转型
- 掌握类的多态
- 掌握抽象类和接口

3.3 任务相关知识

3.3.1 面向对象语言的特征

计算机编程语言经历了由低级语言到高级语言的转变过程，包括机器语言、汇编语言、高级语言。高级语言包括面向过程的语言和面向对象的语言。典型的面向过程的语言是 C 语言，面向对象的语言是 Java 语言。对象是 Java 语言的核心，在 Java 语言中体现了“万事万物皆对象”。面向对象的语言有三大特征：封装性、继承性和多态性。

封装性是指将数据和数据的操作放在一起，形成一个封装体，这个封装体可以提供对外部的访问，同时对内部的具体细节实现了隐藏，也能控制外部的非法访问。封装体的基本单位是类，对象是类的实例，一个类的所有对象都具有相同的数据结构和操作代码。

继承性是面向对象的第二个特性，它支持代码重用，继承可以在现有类的基础上进行扩展从而形成一个新的类，它们之间是基类和派生类的关系。派生类不仅具有基类的属性特征和行为特征，还可以添加新的特征。采用继承的机制来组织、设计系统中的类，可以提高程序的抽象程度，使之更接近人类的思维方式，同时，通过继承能较好地实现代码重用，可以提高程序开发效率，降低维护的工作量。

多态性是使多个不同的对象接收相同的消息却产生不同的行为。它大大提高了程序的抽象程度和简洁性，更重要的是，它最大限度地降低了类和程序模块之间的耦合性，提高了类模块的封闭性，使得它们不需了解对方的具体细节就可以很好地共同工作。这个优点对于程序的设计、开发和维护都有很大的好处。

3.3.2 类

将一些具有共同特征的实体放在一起，形成类，如“学生”类、“教师”类、“玩具”类等。面向对象的程序是用来解决实际问题的，要求程序和现实世界中的实体具有一致性，那怎样才能将现实世界的实体转变为计算机程序设计语言呢？这涉及“具体”到“抽象”的过程，将现实世界中的物体的共性、特征和行为抽取出来，用计算机的程序设计语言 class 类来表示。

类是用于描述同一类型对象的一个抽象的概念，类中定义了这一类对象所具有的静态（成员变量）和动态（成员方法）属性。它是一种新的数据类型，具有封装性。

1. 类的定义

类是 Java 程序的基本单位，在 Java 中定义一个类，一般包括类的声明和类体两个部分。其一般格式为：

```
类声明 {
// 类体
}
```

（1）类声明。

一般格式为：

```
[ 修饰符 ] class 类名 [extends 基类名 ] [implements 接口名 ]
```

其中 [ ] 部分是可选的，修饰符包括访问控制符和非访问控制符，class 是 Java 的关键字，表示这是一个类的定义，类名必须是合法标识符，且首字母一般约定为大写字母，类名指定一个有意义的名称，extends 表示继承，该类要继承基类名，implements 表示该类还要实现其他接口。

1）类体：类体就是类声明后 { } 里面的部分，一般包括类的成员变量和类的成员方法的定义。

2）最简单的类的定义形式如下：

```
class 类名 {
    // 成员变量定义部分 ;
    ……
    // 成员方法定义部分 ;
  ……
}
```

例如，定义一个学生类：

```
class Student{
    // 定义成员变量
String strName;         // 学生姓名
String strNo;           // 学生学号
    int iAge;           // 学生年龄
    double dScore;      // 学生成绩
  // 定义成员方法
  void  display(){
   System.out.println(" 学生的姓名 :"+strName+" 的成绩 "+dScore);
  }
}
```

2. 类的成员变量与成员方法

定义一个类时，在类体中可以有成员变量和成员方法。成员变量体现的是对象的静态属性，而成员方法体现的是对象的动态行为。

（1）成员变量：在类中定义的变量，也称为属性。

成员变量定义的格式为：

```
[ 修饰符 ] 数据类型 成员变量 ;
```

1）修饰符可以是访问控制符，也可以是 static、final 等关键字，数据类型可以是基本数据类型，也可以是引用数据类型。

2）在定义类的成员变量时可以对其初始化，如果不对其初始化，Java 使用默认值对其初始化。其结果见表 3－1。

表 3－1 Java 类成员的变量默认初始值

成员变量类型	默认取值
byte	0
short	0
int	0
long	0L
char	'\u0000'
float	0.0F
double	0.0
boolean	false
所有引用类型	null

3）成员变量的作用范围为整个类体。

（2）成员方法。

1）成员方法的定义：Java 的类的成员方法类似于其他语言的函数，是一段完成特定功能的代码段。

成员方法的定义格式：

```
修饰符 返回值类型 方法名（[ 形式参数列表 ]）{
    // 方法体；
}
```

方法定义的第一行称为方法的声明，{ } 里面称为方法体。修饰符可以是访问控制符，也可以是 static、final 等关键字。在定义方法时要指明返回值类型，返回值类型可以是基本数据类型，也可以是引用数据类型。如果不指明返回值类型，则应显示声明返回类型为 void。如果一个方法需要接受外界输入的数据，则要定义形式参数；如果不需要外界输入数据，则形式参数列表可以为空。

2）形式参数列表的定义格式：

```
数据类型 1 变量名 1，数据类型 2 变量名 2，…，数据类型 n 变量名 n
```

例如：

```
public void setName(String Name){
    strName=Name;
}
public void display(){
    System.out.println(" 学生的姓名 :"+strName+" 学生的成绩 "+dScore);
}
```

3）方法的返回值语句——return 语句。

方法体采用 return 语句终止方法的运行并指定要返回的数据，该值会返回给调用者。

语法格式：

```
return 表达式;
```

return 关键字用于结束方法以及返回方法指定的类型的值，当方法的返回值为 void 时，return 及其返回值可以省略。

4）成员方法的调用。

成员方法一般通过对象来调用，调用的语法格式为：

```
对象名.方法名(实参列表);
```

方法调用中实参列表数据类型、个数和形参列表数据一一对应。

【例 3-1】 通过案例掌握类的方法的定义和调用。

```
class Student{
   //定义成员变量
String strName;          //学生姓名
String strNo;            //学生学号
      intiAge;           //学生年龄
      doubledScore;      //学生成绩
   //定义成员方法
   void  display(){
System.out.println("学生姓名:"+strName+",学号："+strNo+",年龄:"+iAge+",成绩"+dScore);
      }
}
public class Demo3_01{
   public static void main(String []args){
            Student s1=new Student();
            s1.strName="余华";
            s1.strNo="1001";
            s1.iAge=18;
            s1.dScore=90.2;
            s1.display();
      }
}
```

程序运行的结果：

```
学生姓名:余华,学号：1001,年龄:18,成绩90.2
```

3.3.3 对象

类是一种新的数据类型，封装了对象的静态属性和行为，类可以被看成某一类对象的模板，对象可以被看成类的一个具体实例。

1. 对象的创建

由类创建对象，创建对象一般分为以下两个部分。

（1）声明对象名：

类名 对象名；

（2）给对象实例化：

对象名 =new 类名（[参数列表]）；

用 new 来创建对象并实例化，为对象申请空间，分配内存。类名（[参数列表]）是调用类的构造方法，给对象进行初始化。

以上 1、2 两个部分可以合并：

类名 对象名 =new 类名（[参数列表]）；
为学生类创建对象 yuhua：
Student yuhua=new Student();

2. 对象的使用

创建对象后，对象就拥有自己的成员变量和成员方法，对象通过“.”号来调用成员变量和成员方法。

对象名 . 成员变量名；
对象名 . 成员方法名（[实参]）；
实参调用方法时实际传给方法的数据。

【例 3-2】 通过案例掌握类的定义和对象的创建。

```
class Person{
    // 成员变量的定义
    private int id;
    private int age=20;
    // 成员方法的定义
    public void setId(int ParaId){
        id=ParaId;
    }
    public int getID(){
        return id;
    }
```

```
        public void setAge(int ParaAge){
            age=ParaAge;
        }
        public int getAge(){
            return age;
        }
        public void display(){
            System.out.println(id+":"+age);
        }
    }
    public class Demo3_02 {
        public static void main(String[] args){
            Person p1=new Person();
            p1.setId(1001);
            p1.setAge(25);
            p1.display();
        }
    }
```

程序运行的结果：

```
1001:25
```

【例 3-3】 通过案例掌握类的成员变量和成员方法的调用。定义一个点类，在该类里定义两个方法，一个用于实现点到原点之间的距离，另一个用于实现任意两点之间的距离，创建对象调用该方法并输出结果。

```
class PointClass{
    int x;
    int y;
    PointClass(int _x,int _y){
        x=_x;
        y=_y;
    }
    public double disO(){
        return Math.sqrt(x*x+y*y);
    }
    public double dis(PointClass p2){
        return Math.sqrt((x-p2.x)*(x-p2.x)+(y-p2.y)*(y-p2.y));
    }
}
```

```
public class Demo3_03 {
    public static void main(String[] args){
        PointClass p1=new PointClass(3,4);
    double d1=p1.disO();
        System.out.println("p1 到原点的距离 :"+d1);
        PointClass p2=new PointClass(5,9);
    double d2=p1.dis(p2);
        System.out.println("p1 到 p2 的距离 :"+d2);
    }
}
```

```
程序运行的结果：
p1到原点的距离:5.0
p1到p2的距离:5.385164807134504
```

3. 类的构造方法

在类体中有一种特殊的方法，即构造方法，它在创建对象时自动调用，构造方法的作用是对对象进行初始化。构造方法具有如下特点：

1）构造方法名与类名相同。

2）构造方法没有返回值，返回值类型为空，即使 void 也不写。

3）构造方法可以有多个形式参数，也可以无参。

4）一个类中可以同时定义多个构造方法，调用构造方法时，系统会根据参数个数及类型寻找匹配的构造方法。

5）如果类中没有定义构造方法，系统会默认提供一个无参的构造方法，其方法体为空。格式为：

```
类名 (){ }
```

6）如果类中已经定义了构造方法，则系统不再提供默认无参的构造方法。

7）构造方法的调用与成员方法的调用不同，它是在创建对象时自动调用。格式为：

```
new 类名（参数）;
```

【例 3-4】 通过案例掌握构造方法的定义和调用。

```
class Person{
    String name;
    int age;
    Person(){
        name="Lisi";
        age=20;
```

```
    }
    Person(String strName,int iAge){
      name=strName;
      age=iAge;
    }
    Person(String strName){
      name=strName;
      age=20;
    }
}
public class Demo3_04 {
   public static void main(String[] args){
      Person p1=new Person();            // 调用第一个构造方法
      Person p2=new Person("zhao",20);  // 调用第二个构造方法
      Person p3=new Person("zhao");      // 调用第三个构造方法
   }
}
```

3.3.4 方法的重载

方法重载通常用于完成一组任务相似但参数不同的方法。Java 中方法的重载是指一个类中可以定义有相同的名字但参数不同的多个方法。调用时，会根据不同的参数表选择相应的方法。

方法的重载具有以下特点：

1）方法名相同。

2）方法的参数不同，包括参数的个数或者类型不同。

3）与方法的返回值无关，返回值类型可以相同也可以不同。

【例 3-5】 通过案例掌握方法重载的定义和调用。

```
class Person {
   private int id;
   private int age;
   Person(){
      id=1001;
      age=25;
   }
   Person(int _id, int _age) {
      id = _id;
      age = _age;
```

```
    }
    public int getAge() {
        return age;
    }
    public void setAge(int i) {
        age = i;
    }
    public int getId() {
        return id;
    }
    void info() {
        System.out.println("my id is : " + id);
    }
    void info(String t) {
        System.out.println(t + " id " + id);
    }
}

public class Demo3_05 {
    public static void main(String[] args) {
        Person p = new Person();
        Person p2 = new Person(2, 500);
        p.info();
        p.info("ok");
    }
}
```

程序运行的结果：

```
my id is : 1001
ok id 1001
```

方法的重载是在调用时根据实参和形参的对应关系找到类型相匹配的关系，如果没有找到类型相匹配的方法，Java 编译器会找可以兼容的类型来调用（根据数据类型转换原则，自动转换的数据类型可以来调用）。

【例 3-6】 通过案例掌握方法重载，如果没有找到类型匹配的方法，通过兼容的类型来调用。

```
class Area{
    double getArea(double r) {
        return 3.14*r*r;
```

```
    }
    double getArea(float x,int y) {
        return x*y;
    }
    float getArea(int x,float y) {
        return x*y;
    }
}

public class Demo3_06{
    public static void main(String [] args){
    Area a1=new Area();
    System.out.println(a1.getArea(2));                // 调用第一个 getArea 方法
        System.out.println(a1.getArea(2.5f,3));       // 调用第二个 getArea 方法
        System.out.println(a1.getArea(3,2.5f));       // 调用第三个 getArea 方法
    }
}
```

程序运行的结果：

```
12.56
7.5
7.5
```

a1 对象调用 getArea 的 3 种方法，其中 a1.getArea(2) 调用第一个 getArea 方法，根据数据类型转换原则，2 数值默认是 int 整型常量，将整型常量转换为 double 型数据类型，属于自动转换。如果将 a1.getArea(2.5f,3) 中的 2.5 后面的 f 去掉，则编译不成功，因为 2.5 数值属于 double 型数据，将 double 型数据赋给 float 型数据，需要强制转换。

3.3.5 this 关键字

this 是 Java 的一个关键字，表示当前对象的引用，主要应用如下。

1. this 调用本类的成员变量

this 可以调用本类的成员变量，其语法格式为：

```
this. 成员变量
```

在类的成员变量和方法中的形式参数重名的情况下，采用 this 关键字来区别。例如：

```
class Rectangle{
    private double length;
```

```
    private double width;
    Rectangle(double length, double width){
        this.length=length;
        this.width=width;
    }
}
```

this.length 表示当前对象 this 访问成员变量 length，而不是形式参数变量 length。

2. 使用 this 调用本类的其他构造方法

在构造方法中用 this 调用本类中的其他构造方法，此时 this 指代本类类名，调用时要放在构造方法的首行。其语法格式为：

```
this（参数列表）;
```

此处的参数列表和被调用的构造方法参数列表是匹配的。例如：

```
class Person{
    int age;
    String name;
    public Person(){
    }
    public Person(intage){
        this.age=age;
    }
    public Person(intage,String name){
        this(age); // 调用了第二个构造方法
        this.name=name;
    }
}
```

3. this 可以看作一个变量，它的值是当前对象的引用

【例 3-7】 通过案例掌握 this 关键字的使用方法。

```
public class Demo3_07 {
    int i=0;
    Demo3_07(int i){
        this.i=i;
    }
    Demo3_07 increament(){
        i++;
        return this; // 返回的是当前的对象
```

```
    }
    void display(){
        System.out.println("i="+i);
    }
    public static void main(String [] args){
        Demo3_07 demo07=new Demo3_07(100);
        demo07.increament().increament().display();
    }
}
```

程序运行的结果：

```
i=102
```

3.3.6 static 关键字

static 是 Java 的关键字，static 表示“全局”或者“静态”的意思，可以用来修饰类的成员变量和类的成员方法。

1. 修饰类的成员变量

在类中，用 static 声明的成员变量为静态成员变量，它为该类的公用变量，在第一次使用时被初始化，对于该类的所有对象来说，static 成员变量只有一份。

语法格式为：

```
static 数据类型 变量名；
```

2. 修饰类的成员方法

用 static 声明的方法为静态方法，在调用该方法时，不会将对象的引用传递给它，所以在 static 方法中不可以访问非 static 的成员。可以通过对象引用或类名（不需要实例化）访问静态成员。

3. 语法格式

```
修饰符 static 返回值类型 方法名（参数列表）{
    // 方法体
}
```

4. static 的使用

【例 3-8】 通过案例掌握 static 关键字的使用方法。

```
public class Demo3_08 {
    private static int sid = 0;
    private String name;
```

```
    int id;
    Demo3_08(String name) {
        this.name = name;
        id = sid++;
    }
    public void info(){
        System.out.println("My name is "+name+" No."+id);
    }
    public static void main(String arg[]){
        Demo3_08.sid = 100;
        Demo3_08 demo08_1 = new Demo3_08("demo08_1");
        demo08_1.sid = 2000;
        Demo3_08 demo08_2 = new Demo3_08("demo08_1");
        demo08_1.info();
        demo08_2.info();
    }
}
```

程序运行的结果：

```
My name is demo08_1 No.100
My name is demo08_1 No.2000
```

3.3.7 包

为了有效组织管理 Java 程序中涉及的各个类，Java 提供了包机制，用于区别类名的命名空间。

1. 包的概念

包（package）是 Java 类的管理机制。包的作用如下：

1）把功能相似或相关的类或接口组织在同一个包中，方便类的查找和使用。

2）包采用了层次结构，如同文件夹一样，采用了树形目录的存储方式。

3）同一个包中的类的名字是不同的，不同的包中的类的名字是可以相同的，当同时调用两个不同包中相同类名的类时，应该加上包名以避免名字冲突。

4）包也限定了访问权限，拥有包访问权限的类才能访问某个包中的类。

2. import 语句

import 语句是引入语句，用户在编写程序时，通过 import 语句导入包中的类，用户程序才可以直接使用该类。

import 语句导入包中的类，有以下两种情况：

（1）语法格式为：

```
import 包名 . 子包名 .*;
```

“*” 表示本层次的所有类。

```
import java.util.*;       // 将 java.util 包下所有的类都引入进来
import java.awt.*;        // 将 java.awt 包下所有的类都引入进来
```

（2）语法格式为：

```
import 包名 . 子包名 . 具体的类名 ;
import java.util.Scanner; // 只引入 java.util 包下 Scanner 类
```

注：JDK 中 java.lang 包下所有的类自动引入，不要采用 import 语句引入。

3. package 语句

package 语句作为 Java 源程序的第一条语句，指明该文件中定义的类所在的包，若缺省该语句，则指定为无名包。

包语句的语法格式为：

```
package pkg1[.pkg2[.pkg3…]];
```

package 是 Java 的关键字，pkg1 是包名，pkg2 是子包名，pkg3 是子包中的子包。

Java 编译器把包对应于文件系统的目录管理，在 package 语句中，用“.”来指明包的层次，包的层次和操作系统的文件夹是一一对应的。例如语句：

package net.ahiec.www;

该程序通过编译后则所有的类位于 .\net\ahiec\www 目录下。

【例 3-9】 通过案例掌握 package、import 关键字的使用方法。请判断一个点是否在圆内，并求圆的面积。

```
package net.ahiec.www;
class PointClass{
    int x;
    int y;
    PointClass(int _x,int _y){
        x=_x;
        y=_y;
    }
}
class CircleClass{
    PointClass o;
    intr;
    CircleClass(PointClass _o,int _r){
```

```
        o=_o;
        r=_r;
    }
boolean contains(PointClass p) {
    int x = p.x-o.x;
    int y = p.y-o.y;
    if(x*x+y*y>r*r)
        return false;
    else
        return true;
    }
public double CircleArea(){
    return 3.14*r*r;
    }
}
public class Demo3_09 {
    public static void main(String[] args){
        PointClass o=new PointClass(0,0);
        PointClass p=new PointClass(2,3);
        int r=4;
        CircleClass c1=new CircleClass(o,r);
if(c1.contains(p)){
            System.out.println("p 点在圆内 ");
        }else{
            System.out.println("p 点在圆外 ");
        }
        System.out.println(c1.CircleArea());
    }
}
```

该程序编译：

在 Dos 命令提示符下输入：javac –d. TestPackage.java

其中 –d 是指设置编译生成的 .class 放到哪一个目录，“.” 号表示当前文件夹。

```
D:\java\source\3>javac -d . TestPackage.java
```

如果编程成功，则在当前文件夹下形成 3 个子文件夹 .\net\ahiec\www\，并形成以下 3 个 class 文件：

CircleClass.class	2017/10/25 15:38	CLASS 文件	1 KB
PointClass.class	2017/10/25 15:38	CLASS 文件	1 KB
TestPackage.class	2017/10/25 15:38	CLASS 文件	1 KB

程序运行的结果：

在 Dos 命令提示符下输入：

```
java net.ahiec.www.TestPackage
p点在圆内
50.24
```

注意：

如果在其他程序中引用 PointClass 和 CircleClass 类，有以下几种方法：

（1）采用引入的方法。

1）引入具体类名，例如：

```
import net.ahiec.www.PointClass;
import net.ahiec.www.CircleClass;
```

2）采用“*”，例如：

```
import net.ahiec.www.*;
```

（2）在程序中写全名，例如：

```
net.ahiec.www.PointClass p1=new net.ahiec.www.PointClass();
net.ahiec.www.CircleClass c1=new net.ahiec.www.Circle(p1,3);
```

（3）访问位于同一个包中的类不需要引入。

4. 常用包

JDK 给程序开发人员提供了丰富的类，这些类都在相关的包中，下面列举一些常用的包，见表 3－2。这些包我们有的已经接触过，有的会在后续的学习中用到。

表 3－2　常用的包

包名	说明
java.lang	提供利用 Java 编程语言进行程序设计的基础类
java.util	Java 的一些实用工具包，如 Date,Calendar,ArrayList
java.awt	包含用于创建用户界面和绘制图形图像的所有类
java.awt.event	提供处理由 AWT 组件所激发的各类事件的接口和类
javax.swing	提供一组“轻量级”(全部是 Java 语言）组件，尽量让这些组件在所有平台上的工作方式都相同
java.io	输入流和输入流相关的类
java.sql	提供访问并处理存储在数据源中数据的 API
java.net	提供用于网络应用程序的类

3.3.8　访问权限

Java 的访问权限是指能够控制类、成员变量、方法的使用权限的关键字。它分为类的成员访问权限和类的访问权限。

1. 类的成员访问权限

在一个类的内部，其成员（包括成员变量和成员方法）能否被其他类所访问，取决于该成员的修饰词。Java 的类成员访问权限修饰词有 4 类：private、无（默认情况下）、protected 和 public。其权限控制见表 3－3。

表 3－3　成员的访问权限

	同一个类中	同一个包中	不同包中的子类	不同包中的非子类
private	可以访问			
默认	可以访问	可以访问		
protected	可以访问	可以访问	可以访问	
public	可以访问	可以访问	可以访问	可以访问

2. 类的访问权限

对类的访问权限只有两种，一种是加 public 修饰符的访问权限，另一种是不加任何访问权限修饰符且默认的访问权限。

（1）加 public 修饰符的类访问权限。

例如：

```
public class BB{
  // 类体
}
```

用 public 修饰的类称为公共类，公共类可以被任何包中的类访问。

（2）不加任何访问权限修饰符。

例如：

```
class  BB{
  // 类体
}
```

Java 类前面不加任何访问权限修饰符，称为友好类（friendly），只能在同一个包中类才可以访问。

【例 3-10】 通过案例掌握访问权限修饰符的使用方法。

```
class Student{
  protected String school;
  private String name;                    // 仅限于 Student 类访问
  public int age;
Student(String name,int age, String school){
```

```
            this.name=name;
            this.age=age;
            this.school=school;
        }
    }
    public class Demo3_10 {
        public static void main(String[] args){
            Student s=new Student("li",25,"chc");
            System.out.println(s.name);          // name 定义时的权限是 private，在 Monitor 中不能访问
            System.out.println(s.age);           // 可以访问 age 成员
            System.out.println(s.school);        // 可以访问 school 成员
        }
    }
```

在例 3-10 中，System.out.println(s.name); 会发生以下编译错误，因为在 Monitor 中不能访问 name，它是 private，只能在 Student 类中访问。

```
Exception in thread "main" java.lang.Error: Unresolved compilation problem:
        The field Student.name is not visible

        at Demo3_10.main(Demo3_10.java:15)
```

3.3.9 继承

前面介绍了类的第一大特性，即类的封装性，这一节讲类的继承性。继承是面向对象设计的又一个重要特性，继承产生类的层次，通过继承能够方便地复用代码，提高开发的效率。交通工具的类层次如图 3－1 所示。

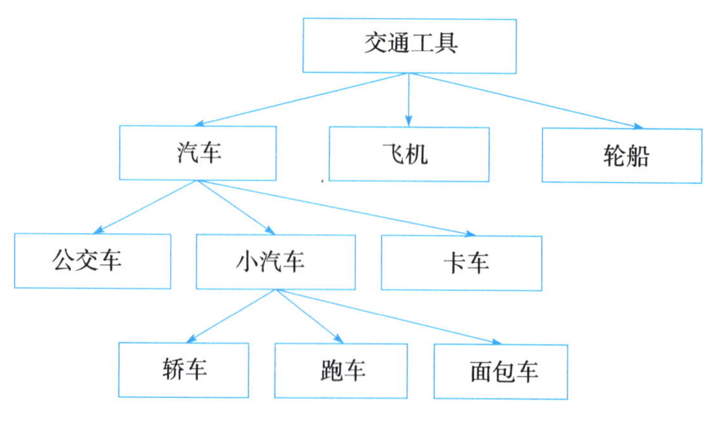

图 3－1　交通工具的类层次

图 3－1 所示交通工具类属于基类，它有 3 个子类，分别是汽车类、飞机类和轮船

类，而汽车类又分为 3 个子类，分别是公交车类、小汽车类和卡车类，小汽车类也有 3 个子类，分别是轿车类、跑车类和面包车类。

拥有子类的类称为父类或基类，一个父类可以拥有多个子类，比如小汽车类拥有 3 个子类：轿车类、跑车类和面包车类。Java 实现的是单继承，也就是一个子类只能属于一个父类。

继承使描述事物更加抽象化、简单。跑车具有小汽车所有的属性，同时还有自己特有的属性——跑得快。在跑车类里面添加“跑得快”属性就可以了，其他属性通过继承父类的小汽车而获得。

1. 继承的引入

定义一个 Wife 和 Husband 类，两个类具有共同的特性，姓名、年龄和身份证号，定义如下：

```
class Wife{
    private String name;
    private int age;
    private long ID;
    private Husband husband;
}
class Husband{
    private String name;
    private int age;
    private long ID;
    private Wife wife;
}
```

Wife 和 Husband 两个类除了各自的 husband、wife 属性不同外，其他都相同，这样会产生程序代码冗余。类的继承可以去除代码冗余，实现代码复用。将 Wife 和 Husband 两个类的共同特性抽取出来，形成一个新类 Person 类，如下：

```
class Person{
    private String name;
    private int age;
    private long ID;
}
```

再让 Wife 和 Husband 类继承 Person 类，只要在 Wife 和 Husband 类写上自己独有的特性就可以了，共有的特性从 Person 类继承过来。

```
class Wife extends Person{
    private Husband husband;
}
class Husband extends Person{
    private Wife wife;
}
```

对于 Wife 和 Husband 类使用继承后，除了代码量的减少外，还能够非常明显地看到它们之间的关系。

2. 类的继承

（1）继承的语法。

继承的语法格式为：

```
[类修饰符]class 子类 extends 父类 {
    // 类体
}
```

extends 是关键字，表示“继承”的意思，子类又称派生类，父类又称基类（超类），类修饰符可以是 public，也可以是默认。子类继承父类具有以下特点：

1）子类拥有父类非 private 的属性和方法。

2）子类可以拥有自己的属性和方法，即子类可以对父类进行扩展。

3）子类可以用自己的方式实现父类的方法（重写）。

4）一个子类只能属于一个父类，一个父类拥有多个子类。

【例 3-11】 通过案例掌握类的继承的定义和特性。

```
class Person {
    private String name;
    private int age;
    public void setName(String name) {
        this.name=name;
    }
    public void setAge(int age) {
        this.age=age;
    }
    public String getName(){
        return name;
    }
    public int getAge(){
        return age;
```

```
    }
}
class Student extends Person {
    private String school;
    public String getSchool() {
        return school;
    }
    public void setSchool(String school) {
        this.school =school;
    }
}
public class Demo3_11 {
    public static void main(String[] arg){
        Student student = new Student();
        student.setName("John");
        student.setAge(18);
        student.setSchool("SCH");
        System.out.println(student.getName());
        System.out.println(student.getAge());
        System.out.println(student.getSchool());
    }
}
```

程序运行的结果：

```
John
18
SCH
```

（2）成员变量的隐藏。

继承中，子类定义了与父类相同的成员变量时，就会发生子类对父类变量的隐藏。对于子类对象来说，父类中的同名成员变量被隐藏起来，子类优先使用自己的成员变量。

【例 3-12】 通过案例掌握类继承中的变量隐藏特性。

```
class TestA{
    intn=10;
}
public class Demo3_12extends TestA{
    int n=100;
    public static void main(String[] args){
        Demo3_12 demo12=new Demo3_12( );
```

```
            System.out.println(demo12.n);
        }
    }
```

```
程序运行的结果:
100
```

子类 TestB 从父类 TestA 继承了成员变量 n，但在子类类体中又定义了成员变量 n，此时，实际上子类拥有两个同名的成员变量 n，通过子类创建的对象引用该成员时，引用的是子类类体中定义的成员，从父类继承的成员被隐藏，运行结果输入是 100。

（3）继承方法的重写。

在实际开发过程中，经常遇到在子类中要重新定义父类的某一个方法，也就是子类根据需要对父类中继承来的方法进行重写。方法一旦被重写，对于子类对象来说，是调用自己的成员方法去覆盖父类的成员方法。方法重写也就是方法覆盖。

子类对父类的方法重写满足以下条件：

1）方法名相同。

2）方法的参数列表相同。

3）方法的返回值相同。

4）重写方法不能使用比被重写方法更严格的访问权限。

【例 3-13】 通过案例掌握类继承中的方法重写特性。

```
class Person {
    private String name;
    private int age;
    public void setName(String name){this.name=name;}
    public void setAge(int age) {this.age=age;}
    public String getName(){return name;}
    public int getAge(){return age;}
    public String getInfo() {
        return"Name:"+name+"\n"+"age:"+age;
    }
}
class Student extends Person {
    private String school;
    public String getSchool() {return school;}
    public void setSchool(String school){this.school =school;}
    public String getInfo() {
        return"Name:"+getName()+"\nage:"+getAge()+"\nschool:"+school;
```

```
        }
    }
    public class Demo3_13 {
        public static void main(String[] args){
            Student student = new Student();
            Person person = new Person();
            person.setName("none");
            person.setAge(1000);
            student.setName("John");
            student.setAge(18);
            student.setSchool("SCH");
            System.out.println(person.getInfo());
            System.out.println(student.getInfo());
        }
    }
```

程序运行的结果：

```
Name:none
age:1000
Name:John
age:18
school:SCH
```

在子类中重写了父类的 getInfo 方法，当子类对象调用 getInfo 方法时，优先运行子类的 getInfo 方法。

（4）super 关键字。

如果子类和父类有相同的成员变量和成员方法时，子类会隐藏或覆盖父类的成员变量和成员方法，使用子类自己的成员变量和成员方法，但这时如果子类想访问父类的成员变量和成员方法，采用 super 关键字。

语法格式为：

```
super. 父类的成员变量名；
super. 父类成员方法名；
```

【例 3-14】 通过案例掌握类继承中的 super 关键字的使用方法。

```
class Country {
    String name;
    void value() {
        name="China";
    }
}
class City extends Country {
```

```
    String name;
    void value(){
        name="hefei";
        super.value();                    // 调用父类的成员方法
        System.out.println(name);
        System.out.println(super.name);   // 调用父类的成员属性
    }
}

public class Demo3_14 {
    public static void main(String[] args){
        City c=new City();
        c.value();
    }
}
```

子类 City 类继承父类 Country 类，子类中 value 方法覆盖了父类的 value 方法，通过 super 关键字调用了父类的 value 方法和 name 属性。

程序运行的结果：

```
hefei
China
```

3. 继承中构造方法

创建对象是通过调用构造方法来完成的，在类的继承中，创建子类对象时先要创建父类对象，有了父类对象后，才能创建子类对象。也就是在子类的构造过程中必须调用其基类的构造方法。它分为隐式调用和显示调用两种方式。

（1）隐式调用父类构造方法。

如果子类构造方法中没有显示调用父类的构造方法，系统提供默认调用父类无参构造方法。

（2）显示调用父类构造方法。

子类的构造方法使用 super 语句显示调用父类的构造方法，super 语句必须写在子类构造方法的第一行。

语法格式为：

```
super（参数列表）;
```

该语句是调用父类的构造方法，根据参数列表的匹配性来调用相应的构造方法。

【例 3-15】 通过案例掌握类继承中隐式、显示调用父类构造方法的使用。

```
class SuperClass{
   private int n;
   SuperClass(){
      System.out.println("SuperClass()");
   }
   SuperClass(int n){
      System.out.println("SuperClass(int n)");
      this.n = n;
   }
}
class SubClass extends SuperClass{
   private int n;
   SubClass(){
      super(300);         // 显示调用父类的构造方法
      System.out.println("SuperClass");
   }
   SubClass(int n){    // 隐式调用父类的构造方法
      System.out.println("SubClass(int n):"+n);
      this.n = n;
   }
}
public class Demo3_15{
   public static void main (String args[]){
        SubClass sc1 = new SubClass();
        SubClass sc2 = new SubClass(200);
     }
}
```

该程序创建对象 sc1 的时候，调用 SubClass() 构造方法，该构造方法的第一句：super(300); 显示调用了父类的构造方法 SuperClass(int n)，将 300 的值传递给 n，父类的构造方法，调用结束后，产生父类对象，然后再做子类构造方法以下的语句，完成对象 sc1 的创建。

创建对象 sc2 的时候，调用子类的构造方法 SubClass(int n)，将实参 200 的值传给形参 n，该构造方法第一句没有 super 语句，则采用隐式调用父类的无参构造方法 SuperClass()，调用结束后，再继续做 SubClass(int n) 构造方法以下的语句。

程序运行的结果：

```
SuperClass(int n)
SuperClass
SuperClass()
SubClass(int n):200
```

在子类构造方法中调用父类的构造方法的方式如下：

1）在子类的构造过程中必须调用其基类的构造方法。

2）子类可以在自己的构造方法中使用 super(argument_list) 调用基类的构造方法。必须写在子类构造方法的第一行。

3）如果在子类的构造方法中没有显示调用基类的构造方法，则系统默认调用基类的无参数构造方法。

4）如果在子类构造方法中既没有显示调用基类的构造方法，而基类又没有无参数的构造方法，则编译出错。

4. final 关键字

在面向对象程序设计中，子类可以重载修改从父类继承来的某些数据成员和成员方法，这给程序设计带来方便的同时，也给系统的安全性带来了威胁。为此，Java 语言提供了 final 修饰符来保证系统的安全性。final 关键字可以修饰类、方法以及变量，用这个关键字进行修饰的类或类的成员方法和变量都是不能改变的。

（1）final 修饰类的成员方法。

用 final 修饰类的成员方法，称最终方法，该方法不能被重写。主要防止任何继承类修改此方法，保证了程序的安全性和正确性。其语法格式为：

```
访问权限 final 方法名（参数列表）{
  // 方法体
}
```

（2）final 修饰类。

final 修饰类是最终类，该类不能被继承，该类中所定义的方法自动成为 final 方法。其语法格式为：

```
final class 类名 {
  // 类体
}
```

（3）final 修饰变量。

final 修饰的变量可以是类的成员变量或局部变量。对于一个 final 修饰的变量，如果是基本数据类型的变量，则其数值在初始化之后便不能更改；如果是引用类型的变量，则对其初始化之后便不能再让其指向另一个对象。其语法格式为：

限定修饰符 final 数据类型 变量名 = 初始值 ;

例如：

```
public final double PI=3.14;
```

【例 3-16】 通过案例掌握 final 关键字的使用方法。指出下列程序的错误。

```
final class T {
   final int i = 8;
   public final void m() {

   }
}
class TT extendsT {    // T 是 final 类，不能被继承
   public void m(){    // m 方法是 final 方法，不能被重写

   }
}
public class Demo3_16{
   public static void main(String[] args) {
      T t = new T();
      t.i = 8;             // i 是 final 变量，不能被改变或重写赋值
   }
}
```

程序编译出现如下错误：

```
Exception in thread "main" java.lang.Error: Unresolved compilation problem:
	The final field T.i cannot be assigned

	at Demo3_16.main(Demo3_16.java:15)
```

3.3.10 多态

Java 语言中引入了封装性、继承性、多态性的面向对象机制，而多态性是面向对象的编程语言所必须具备的，若一个语言不支持多态，则不能称其为面向对象的。只支持类而不支持多态，称基于对象的，但不能称面向对象的，如 VB，Ada 等语言。多态性机制具有一些很重要的作用：隐藏了程序的实现细节，使得代码能够模块化；扩展代码模块，实现代码重用；接口重用，确保类在继承和派生的时候，使用家族中任一类实例某一属性时可正确调用，这在庞大的项目和工程编程中都起着非常关键性的作用。多态性是 Java 语言的精华，熟练掌握多态，是成为 Java 高手的最重要的条件之一。

1. 多态的引入

多态是从希腊语而来，在字面上的定义是："一个界面，多种形态"（即多种形式或方法）。下面举几个实例来说明。

【例 3-17】 计算机的光驱控制。要操作光驱，需要按一下光驱面板上的一个按键，

此时仓门打开，托架滑出。放入一张光盘，再按一下按键，托架收回，仓门关闭。此时，光驱被启动，或者播放音乐，或者访问数据，无论是哪家企业生产的光驱，其操作方法都一样，就是说，一个“界面”(一种交互方式)，“多种方法”(不同的生产商)。只要知道一个光驱的使用方法，也就会使用其他品牌或型号的光驱（而不必知道每个光驱的具体原理)。

【例 3-18】 录音机的控制。录音机的控制界面是图 3－2 所示的一排按钮。

图 3－2 录音机的控制界面

图 3－2 所示为录音机的一些控制键，以后出现的录像机、VCD、DVD 等也都有这样的一些键，这些键的功能基本相似。

录音机、录像机、VCD、DVD 在机械原理上存在差异，但它们的播放接口非常相似，一旦会使用录音机，则使用录像机、VCD、DVD 就很容易了。只要了解一种播放接口，就会使用多种播放器，即使这些播放器有着不同的实现原理。

通过例 3-17、例 3-18 可以简单归纳：利用统一的接口对不同的对象进行控制。

在 Java 程序中，同一个名称可以有多个不同实现，这就降低了程序（工程）的复杂度。

【例 3-19】 一个类继承层次结构如图 3－3 所示。假设每个类都有一个成员函数 display()，用来在屏幕上显示该类表示的窗口（不同类型的窗口有着不同的显示方式）。假设 w 是 Window 类的引用，此时，无论 w 是指向 MenuWindow 还是指向 MessageWindow 对象（注意：基类类型的引用可以指向任何基类对象或派生类对象），代码：w.display()；都可以正确执行。如果 w 实际指向 MeunWindow 对象，那么调用的是 MeunWindow 的 display() 函数；如果 w 实际指向 MessageWindow 对象，那么调用的是 MessageWindow 的 display() 函数。这体现了利用统一接口对不同对象进行控制的原理。

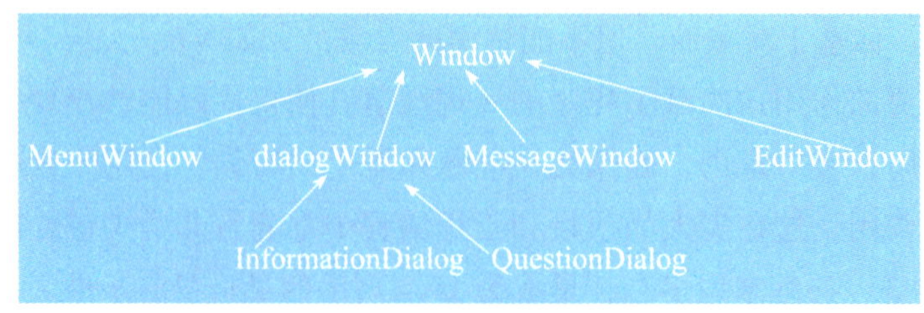

图 3－3 类继承层次结构

在 Java 程序中实现多态性，必须要掌握以下几点：对象转型、抽象类和抽象方法、接口的相关知识。

抽象类和抽象方法以及接口在前面已经阐述过了，下面重点阐述对象转型。

2. instanceof 关键字

instanceof 是 Java 特有的一个运算符，它主要用来判断在运行时某一个对象是否为该类或该类子类的一个实例。返回一个 boolean 类型的值。其语法格式为：

对象引用 instanceof 类

如果该对象是该类创建的或者是该类子类创建的对象，则返回值为 true，否则，返回值为 false。

【例 3-20】 instanceof 关键字的使用。

```
class Animal{
   public String name;
   Animal(String name){
       this.name=name;
    }
}
class Cat extends Animal{
   public String eyesColor;
   Cat(String n,String c){
       super(n);
       eyesColor=c;
    }
}
class Dog extends Animal{
   public String furColor;
   Dog(String n,String c){
       super(n);
       furColor=c;
    }
}
public class Demo3_20 {
    public static void main(String[] args){
        Animal a=new Animal("name");
        Cat c=new Cat("catname","blue");
        Dog d=new Dog("dogname","black");
        System.out.println(a instanceof Animal);
        System.out.println(c instanceof Animal);
        System.out.println(d instanceof Animal);
        System.out.println(a instanceof Cat);
    }
}
```

程序运行的结果：

```
true
true
true
false
```

3. 对象转型

基本数据类型转换分为自动转换和强制转换，而对象也具有转型功能，分为向下转型和向上转型。父类对象的引用或者基类对象的引用指向子类对象，称为向下转型；反之称为向上转型。对象转型具有以下特点：

（1）一个基类的引用类型变量可以指向其子类的对象。

（2）一个基类的引用不可以访问其子类对象新增加的成员（属性和方法）。

（3）可以使用引用变量 instanceof 类名来判断该引用型变量所“指向”的对象是否属于该类或该类的子类。

【例 3-21】 对象转型的使用。

```
class Animal{
   public String name;
   Animal(String name){
      this.name=name;
   }
}
class Cat extends Animal{
   public String eyesColor;
   Cat(String n,String c){
      super(n);
      eyesColor=c;
   }
}
class Dog extends Animal{
   public String furColor;
   Dog(String n, String c){
      super(n);
      furColor=c;
   }
}
public class Demo3_21 {
   public void f(Animal a){
      System.out.println("name:"+a.name);
      if(a instanceof Cat){
```

```
            Cat cat=(Cat)a;
            System.out.println(""+cat.eyesColor+" eyes");
        }elseif(a instanceof Dog){
            Dog dog=(Dog)a;
            System.out.println(""+dog.furColor+" fur");
        }
    }
    public static void main(String [] args){
        Demo3_21 demo21=new Demo3_21();
            Animal a=new Animal("name");
            Cat c=new Cat("catname","blue");
            Dog d=new Dog("dogname","black");
            demo21.f(a);
            demo21.f(c);
            demo21.f(d);
    }
}
```

程序运行的结果：

```
name:name
name:catname
 blue eyes
name:dogname
 black fur
```

4. 多态

即同一消息可以根据发送对象的不同而采用多种不同的行为方式（发送消息就是方法调用）。实现多态的技术称为动态绑定（dynamic binding），是指在执行期间判断所引用对象的实际类型，根据其实际的类型调用其相应的方法。

多态的好处如下：

（1）可替换性（substitutability）。多态对已存在代码具有可替换性。例如，多态对圆 Circle 类工作，对其他任何圆形几何体（如圆环）也同样工作。

（2）可扩充性（extensibility）。多态对代码具有可扩充性。增加新的子类不影响已存在类的多态性、继承性，以及其他特性的运行和操作。实际上新加子类更容易获得多态功能。例如，在实现了圆锥、半圆锥以及半球体的多态基础上，很容易增添球体类的多态性。

（3）接口性（interface-ability）。多态是超类通过方法签名，向子类提供了一个共同接口，由子类来完善或者覆盖它而实现的。

（4）灵活性（flexibility）。它在应用中体现了灵活多样的操作方法，提高了使用效率。

（5）简化性（simplicity）。多态简化对应用软件的代码编写和修改过程，尤其是在处理大量对象的运算和操作时，这个特点尤为突出和重要。

在一个 Java 程序中使用多态，基本要满足 3 个条件：一是继承；二是方法的重写和对象转型；三是父类引用指向子类对象。

【例 3-22】 多态的使用。

```
class Animal {
    private String name;
    Animal(String name) {this.name = name;}
    public void barking(){
        System.out.println(" 叫声 ......");
    }
}
class Bird extends Animal {
    private String featherColor;
    Bird(String name,String color) {
        super(name);featherColor=color;
    }
    public void barking() {
        System.out.println(" 鸟叫声 ......");
    }
}
class Cat extends Animal {
    private String eyesColor;
    Cat(String name,String color) {super(name); eyesColor = color;}
    public void barking() {
        System.out.println(" 猫叫声 ......");
    }
}
class Dog extends Animal {
    private String hairColor;
    Dog(String name,String color) {super(name); hairColor = color;}
    public void barking() {
        System.out.println(" 狗叫声 ......");
    }
}
class Lady {
    private String name;
    private Animal animal;
    Lady(String name,Animal animal) {
```

```
            this.name = name; this.animal = animal;
        }
        public void PetBarking(){animal.barking();}
}
public class Demo3_22{
        public static void main(String args[]){
                Bird bird = new Bird("pigeon","white");
                Cat cat = new Cat("mimi","blue");
                Dog dog = new Dog("bigYellow","Yellow");
                Lady lady1= new Lady("lady1",bird);
                Lady lady2 = new Lady("lady2",cat);
                Lady lady3 = new Lady("lady3",dog);
                lady1.PetBarking();
                lady2.PetBarking();
                lady3.PetBarking();
        }
}
```

程序运行的结果：

```
鸟叫声......
猫叫声......
狗叫声......
```

【例 3-23】 使用抽象类实现例 3-22 的多态功能。

```
abstract class Animal {
    private String name;
    Animal(String name) {this.name = name;}
    public abstract void barking();
}
class Bird extends Animal {
    private String featherColor;
    Bird(String n,String c) {
        super(n);featherColor=c;
    }
    public void barking() {
        System.out.println(" 鸟叫声 ......");
    }
}
class Dog extends Animal {
```

```
        private String hairColor;
        Dog(String n,String c) {super(n); hairColor = c;}
        public void barking() {
                System.out.println(" 狗叫声 ......");
        }
}
class Lady {
        private String name;
        private Animal animal;
        Lady(String name,Animal animal) {
                this.name = name; this.animal = animal;
        }
        public void PetBarking(){animal.barking();}
}
public class Demo3_23{
        public static void main(String args[]){
                Bird bird = new Bird("pigeon","white");
                Dog dog = new Dog("bigYellow","Yellow");
                Lady lady1= new Lady("lady1",bird);
                Lady lady2 = new Lady("lady2",dog);
                lady1.PetBarking();
                lady2.PetBarking();
        }
}
```

程序运行的结果：

```
鸟叫声......
狗叫声......
```

3.3.11 抽象类

在程序设计的过程中，有时需要创建某个类代表一些基本行为，并为其定义一些方法，但是又无法或不宜在这个类中对这些行为加以具体实现，而希望在其子类中根据实际情况去实现这些方法。这种思想可通过抽象类来实现。

1. 抽象类

在用 abstract 关键字来修饰一个类时，这个类叫作抽象类。其语法格式为：

```
abstract class 类名 {
    // 抽象类体
}
```

（1）一个 abstract 类并不关心功能的具体行为，只关心它的子类是否具有这种功能，并且功能的具体行为由子类负责实现。

（2）抽象类不能被实例化，抽象类必须被继承，通过子类才能实例化。

2. 抽象方法

在用 abstract 来修饰一个方法时，该方法叫作抽象方法。抽象方法只需声明，而不需实现。其语法格式为：

```
abstract 方法返回值 方法名（参数列表）;
```

（1）抽象方法因为没有实现体，所以没有两个花括号 { }，抽象方法用于抽象类或接口中。

（2）抽象方法必须被重写。

（3）含有抽象方法的类必须被声明为抽象类。

（4）在子类中实现抽象类，必须实现所有的抽象方法，如果有的抽象方法没有被实现，则该子类也是抽象类。

【例 3-24】 通过案例掌握抽象类抽象方法的使用。定义一个抽象类，然后通过继承实现该抽象类。

```
abstract class Animal{
    private String name;
    Animal(String name){
        this.name=name;
    }
    public abstract void enjoy();
}
class Cat extends Animal{
    private String eyeColor;
    Cat(String name,String eyeColor){
        super(name);
        this.eyeColor=eyeColor;
    }
    public void enjoy(){
        System.out.println(" 猫叫声 ...");
    }
}

public class Demo3_24 {
    public static void main(String[] args){
        Cat c=new Cat("pipi","blue");
```

```
            c.enjoy();
        }
}
```

```
程序运行的结果：
猫叫声...
```

3.3.12 接口

继承性是 Java 语言的一个重要特征，它能够很好地实现代码复用。但是 Java 中的继承是单继承，一个子类最多只能有一个直接父类。单继承使得程序的层次关系清晰、可读性强，实际上单继承使得 Java 中的类的层次结构成为树型结构，这种结构在处理一些复杂问题时可能表现不出优势。

现实世界中多继承是大量存在的，有的面向对象语言也支持多继承（如 C++），多继承有其优点，也有其缺陷。为了弥补单继承的不足，使其在语言中达到多继承的效果，Java 提供了接口，利用接口可以间接地实现多继承。

1. 接口的概念

Java 接口是一系列方法的声明和常量值的集合，接口只有方法的特征，没有方法的实现，因此这些方法可以在不同的地方被不同的类实现，而这些实现可以具有不同的行为和功能。

2. 接口的定义

接口中声明了方法和常量，接口的定义包括接口声明和接口体两个部分，采用 interface 关键字来定义接口，语法格式为：

```
[public|abstract] interface 接口名 [extends 接口列表 ]{
  // 接口体 ;
}
```

（1）接口修饰符为接口访问权限，有 public 和缺省两种状态。

1）public 状态指明任意类均可以使用这个接口。

2）在缺省情况下，只有与该接口定义在同一包中的类才可以访问这个接口。

（2）extends 接口列表：一个接口可以继承另一个接口，通过关键字 extends 来实现，当接口列表有多个接口时，通过“,”来分隔。

（3）接口体：包括常量声明和方法声明。

1）接口体中只有常量，所以接口体中的变量只能定义为 public static final 型，在类实现接口时不能被修改，而且必须用常量初始化。即使在定义变量名前省略了修饰符，仍然默认为：public static final。

2）接口体中方法为抽象方法，所以没有方法体。方法前面即使省略修饰符，仍然默认为 public abstract。

例如：

```
interface Shape{
  double PI=3.14;             // 前面省略 public static final
  double getArea(double r);   // 前面省略 public abstract
}
```

3. 接口的实现

接口中只是声明了方法，是抽象方法，这些方法都是在具体的类中实现，称类实现了接口。采用 implements 关键字来声明这个类实现某个接口。语法格式为：

```
class 类名 implements 接口 1，接口 2……{
  // 实现接口中的所有抽象方法；
}
```

（1）一个类可以实现多个接口，接口名之间用逗号隔开。

（2）多个类可以实现同一个接口。

（3）在类中必须要实现该接口中所有的抽象方法，否则该类依然是抽象类，在类的前面必须加上 abstract。

（4）在类中实现抽象方法，必须确保方法名、参数和接口中的完全一致。

例如：

```
class Circle implements Shape{
  public double getArea(double r){
    return PI*r*r;
}
}
```

4. 接口的使用

接口可以看作一种特殊的类，它和类一样都是引用类型，并且编译后会生成一个独立的字节码文件，接口的使用和类既有相同的地方也有不同的地方。可以用下面的格式定义一个接口变量：

```
接口名 接口变量；
```

例如：

```
Shape cc;
```

cc 就是一个接口变量，它同样表示的是引用，对应的存储空间是栈内存，这一点与用类创建对象是一样的。

但是此时我们不能使用 new 在堆内存中分配实体空间，如下面的写法是错误的：

```
cc=new Shape (); // 错误
```

但是对于实现了接口的类可以使用 new 运算符，所以下面的形式是合法的：

```
cc=new Circle(); // 正确
```

此时，可以通过该接口变量去调用被 Circle 类实现的 getArea 方法，也称为接口回调，例如：

```
cc.getArea(4.5);
```

它调用的方法是 Circle 类中实现的 getArea 方法。

【例 3-25】 通过案例掌握接口的使用方法。定义一个接口 Shape，在该接口中声明一个常量 PI 和一个抽象方法 getArea；定义一个类实现该接口，为该类创建对象，输出面积。

```
interface Shape{
   double PI=3.14;
   double getArea(double r);
}
class Circle implements Shape{
   public double getArea(double r){
      returnPI*r*r;
   }
}
public class Demo3_25 {
   public static void main(String [] args){
         Circle cc=new Circle();
         System.out.println(cc.getArea(4));
     }
}
```

程序运行的结果：

```
50.24
```

3.4 任务进阶

3.4.1 递归调用

递归调用是调用自身的函数，并传给自身的相应的参数，这一运算过程是一层一层进行的，直到满足一定条件时，才停止调用。递归函数的特点如下：

1）函数要直接或间接调用自身。

2）要有递归终止条件检查，即递归终止的条件被满足后，则不再调用自身函数。

3）如果不满足递归终止的条件，则调用涉及递归调用的表达式。在调用函数自身时，有关终止条件的参数要发生变化，而且需向递归终止的方向变化。

【例 3-26】 通过案例掌握递归调用的使用方法，求 n 的阶乘。

```
public class Demo3_26 {
    public static void main(String arg[]){
        System.out.println("1*2*3*4*5="+num(5));
    }
    // 递归函数
    public static int num(int n ) {
        if(n==1){ // 终止条件
            return 1;
        }
        else {
            return n*num(n-1);
        }
    }
}
```

```
程序运行的结果：
1*2*3*4*5=120
```

【例 3-27】 通过递归调用求 Fibonacci（费波那契）数列，在数学上，Fibonacci 数列是以递归的方法来定义的：$F_0=0$，$F_1=1$，$F_n = F_{n-1}+ F_{n-2}(n \geqq 2)$。

```
import java.util.Scanner;
public class Demo3_27 {
    public int Fibonacci(int n){
        if(n==0){
            return 1;
        }else if(n==1){
            return 1;
        }else if(n>=2) {
            return Fibonacci(n-1)+Fibonacci(n-2);
        }else{
            return -1; // 表示输入的 n 的值为负数，不满足要求
```

```
        }
    }
    public static void main(String []args){
        Scanner sc=new Scanner(System.in);
        int n=sc.nextInt();
        Demo3_27  demo3_27 =new Demo3_27();
        int fib=demo3_27.Fibonacci(n);
        System.out.println(n+" 的 fibnonacci 的值 :"+fib);
    }
}
```

程序运行的结果：

```
6
6的fibnonacci的值:13
```

3.4.2　变量的生命周期

变量的生命周期是指一个变量从被创建并分配给其内存空间开始，到该变量被销毁并被清除其所占用内存空间的整个过程。变量的生命周期会影响内存开销，开发过程中尽量缩小变量的作用范围，在变量内存中停留的时间越短，其性能也就更高。扩大变量的作用域不利于程序的高内聚。变量的生成周期一般分为块变量、局部变量和类体变量。

1. 块变量的生命周期

块变量一般是指在 if、switch、while、for 语句块内定义的变量，这些变量随着语句块的结束，生命周期也就结束了。

【例 3-28】 使用块变量，输出 1+2+…+10 的值。

```
public class Demo3_28 {
    public static void main(String[] args) {
        int sum=0;
        for(int i=1;i<=10;i++){    // i 属于 for 语句块定义的变量 , 只能在 for 语句块内使用
            sum=sum+i;
        }
        System.out.println("1+2+...+10="+sum);
    }
}
```

2. 局部变量的生命周期

在方法内部定义的变量或者方法的参数变量称为局部变量。对于局部变量，它的生命周期仅限于它所定义的方法中，随着方法的消亡而消亡，方法外不可以访问该变量。

【例 3-29】 使用局部变量定义一个三角形类，输出该三角形的面积。

```
class Triangle{
    double  A,B,C;
    Triangle (double A,double B,double C){
        this.A=A;
        this.B=B;
        this.C=C;
    }
    public double getArea(){
        double  S,Area;
        S=(A+B+C)/2.0;                          // S 是局部变量，只能在 getArea() 方法中使用
        Area=Math.sqrt(S*(S-A)*(S-B)*(S-C));    // Area 是局部变量
        return Area;
    }
}
public class Demo3_29 {
    public static void main(String[] args) {
        Triangle t1=new Triangle(6.5,7.2,8.0);
        System.out.println(" 三角形的面积："+t1.getArea());
    }
}
```

程序运行的结果：

```
三角形的面积：22.15788784496392
```

3. 类体变量的生命周期

类体变量的生命周期分为类变量生命周期和实例变量生命周期。

（1）类变量生命周期即类的静态成员变量的生命周期，带 static 修饰的变量，从类加载开始，到类被卸载结束。静态成员初始化以后放在方法区。

（2）实例变量生命周期：不带 static 修饰的属性，变量初始化以后放在堆区。它的生命周期从对象生成开始，到对象被回收时结束。

【例 3-30】 通过案例掌握 i 类体变量的使用方法。

```
class ClassVariable {
    int count = 0;              // 成员变量计数器
    static int sum = 0;         // 静态变量计数器
    String name;
    ClassVariable(String name){
```

```
            this.name = name;
        }
        public void varAddMethod() {
            count++;
            System.out.println(name+" 调用成员变量后的值："+count);
        }
        public void staticAddMethod() {
            sum++;
            System.out.println(name+" 调用类变量后的值："+sum);
        }
    }
    public class Demo3_30 {
        public static void main(String[] args) {
            ClassVariable var1 = new ClassVariable("var1");
            ClassVariable var2 = new ClassVariable("var2");
            var1.varAddMethod();
            var2.varAddMethod();
            var1.staticAddMethod();
            var2.staticAddMethod();
            var1.staticAddMethod();
        }
    }
```

程序运行的结果：

```
var1调用成员变量后的值：1
var2调用成员变量后的值：1
var1调用类变量后的值：1
var2调用类变量后的值：2
var1调用类变量后的值：3
```

3.5 任务总结

本章主要介绍了 Java 面向对象程序设计的基本知识，包括类的定义、类的成员变量、成员方法、类的构造方法、对象的定义和使用，类的继承、类的访问控制和修饰符、对象转型、多态、抽象类、接口等相关知识。

类是 Java 程序的基本单位，在 Java 中定义一个类，一般包括类的声明和类体两个部分。类可以被看成某一类对象的模板，对象可以看成类的一个具体实例。

Java 中方法的重载是指一个类中可以定义有相同的名字，但参数不同的多个方法。

this 是 Java 的一个关键字，表示当前对象的引用，主要应用：this 调用本类的成员变量、使用 this 调用本类的其他构造方法。

static 是 Java 的关键字，static 表示“全局”或者“静态”的意思，可以用来修饰类的成员变量和类的成员方法。

包机制用于区别类名的命名空间。访问权限是指能够控制类、成员变量、方法的使用权限的关键字。它分为类的成员访问权限和类的访问权限。

继承是面向对象设计的又一个重要特性，继承产生类的层次，通过继承能够方便地复用代码，提高开发的效率。

用 abstract 关键字来修饰一个类时，这个类叫作抽象类。

接口只有方法的特征，没有方法的实现，因此这些方法可以在不同的地方被不同的类实现，而这些实现可以具有不同的行为和功能。

3.6 任务练习

1. 定义一个描述长方体的类，类中有长、宽、高 3 个成员，分别定义一个方法求长方体的体积、表面积。编辑、编译并执行源程序。

2. 创建类 Person，其中存储的成员数据为：age(int),sex(boolean),weight(int)，至少有一个构造函数可以初始化这 3 个属性值，同时提供获取这 3 个属性值的 public 方法。

3. 创建类 Person，其中存储的成员数据为：Id(int),age(int),sex(boolean)，至少有一个构造函数可以初始化这 3 个属性值，同时提供获取这 3 个属性值的 public 方法。

4. 定义一个点类，用来表示三维空间的点，要求如下：

（1）提供一个不带有参数的构造方法。

（2）提供带有 3 个形参的构造方法。

（3）提供可以设置 3 个坐标点的方法。

（4）提供可以获取 3 个坐标点的方法。

（5）提供该点到原点的距离的方法。

（6）提供两点之间的距离的方法。

编写程序生成具有特定的坐标点的对象，来验证上述要求。

5. 先创建一个 Point 类，然后定义 Trianglele 类。在 Trianglele 类中定义 3 个 Point 的实体来表示一个三角形的 3 个点，再定义一个方法 setTri 对这 3 个点进行初始化，然后定义两个方法求三角形的周长、面积。在 main() 中创建一个对象，求给定三点的三角形的周长、面积。

6. 建立一个汽车类 Auto，包括轮胎个数、汽车颜色、车身重量、速度、座位数等成员变量，并通过不同的构造方法创建实例。至少要求汽车能够加速、减速、停车。再定义一个小汽车类 CarAuto 继承 Auto 并添加空调、GPS 导航等成员变量，覆盖加速、减速的方法。

7. 写一个 Java 应用程序，要求体现父类子类间的继承关系。父类包括鸟，子类包括麻雀、鸵鸟、鹰。子类继承父类的一些特点，如都是鸟的话就都有翅膀、两条腿等，但它们各自又有各自的特点，如麻雀的年龄、体重；鸵鸟的身高、奔跑速度；鹰的捕食方式、飞翔高度等。

8. 定义一个接口 Ishape，该接口中包含两个成员：周长和面积；分别定义 4 个类：矩形类为 rectangle，三角形类为 Triangle，平行四边形类为 parallelogram，梯形类为 Echelon，这 4 个类都实现接口 Ishape，同时各类拥有自己的私有属性，比如矩形的属性为长和宽，平行四边形的属性为边长和高，三角形的属性为 3 个边长和高，梯形的属性为上底、下底、腰长和高等，给每个类添加相应的构造方法，使各私有属性都能获得相应的值。定义一个测试类 TestShape，在该类中定义一个方法，只要调用该方法就能获得对应类型的周长和面积，然后在该类中进行相关测试。

第 4 章

Java 异常处理

4.1 任务描述

本章主要学习 Java 的异常处理机制，包括异常的含义、异常的分类、出现异常如何处理，以及自定义异常等。

4.2 任务目的

- 了解什么是异常
- 理解异常的分类
- 掌握异常的处理方法
- 理解自定义异常

4.3 任务相关知识

4.3.1 异常的引入

在介绍异常处理机制之前，先看下面的引例。

【例 4-1】 异常案例的引入。

```
public class Demo4_01 {
    public static void main(String[] args){
        String Course[]={"Java 程序设计 ","JSP 程序设计 ","Asp.net 程序设计 ","C# 程序设计 "};
        for(int i=0;i<=4;i++){
```

```
                System.out.println(Course[i]);
            }
            System.out.println("\n this is the end");
        }
    }
```

程序运行的结果：

```
Java程序设计
JSP程序设计
Asp.net程序设计
C#程序设计
Exception in thread "main" java.lang.ArrayIndexOutOfBoundsException: 4
	at Demo4_01.main(Demo4_01.java:5)
```

4.3.2 异常的概念

Java 异常是 Java 提供的用于处理程序中错误的一种机制。所谓错误是指在程序运行的过程中发生的一些异常事件（如：除 0 溢出，数组下标越界，所要读取的文件不存在）。

设计良好的程序应该能在异常发生时提供处理这些错误的方法，使程序不会因为异常的发生而被阻断或产生不可预见的结果。

4.3.3 异常的分类

Java 标准库内建了一些通用的异常，这些类以 Throwable 为顶层父类，Throwable 又派生出 Error 类和 Exception 类。

Error 称为错误，由 Java 虚拟机生成并抛出，包括动态链接失败、虚拟机错误等，程序对其不做处理。

Exception 是所有异常类的父类，其子类对应了各种各样可能出现的异常事件，一般需要用户进行显式的声明或捕获。Java 异常类的类结构如图 4－1 所示。

程序能处理的 Exception 异常类的子类包括 IOException 和 RuntimeException 异常。RuntimeException 称为运行期异常，是一类特殊的异常，如被 0 除、数组下标超范围等，其产生比较频繁，处理起来也比较麻烦，如果显式的声明或捕获对程序可读性和运行效率影响很大，那么就由系统自动检测并将它们交给缺省的异常处理程序。

4.3.4 异常的处理

在 Java 程序的执行过程中如出现异常事件，可以生成一个异常类对象，该异常对象封装了异常事件的相关信息并提交给正在运行的 Java 系统，这个过程称为抛出（throw）异常。

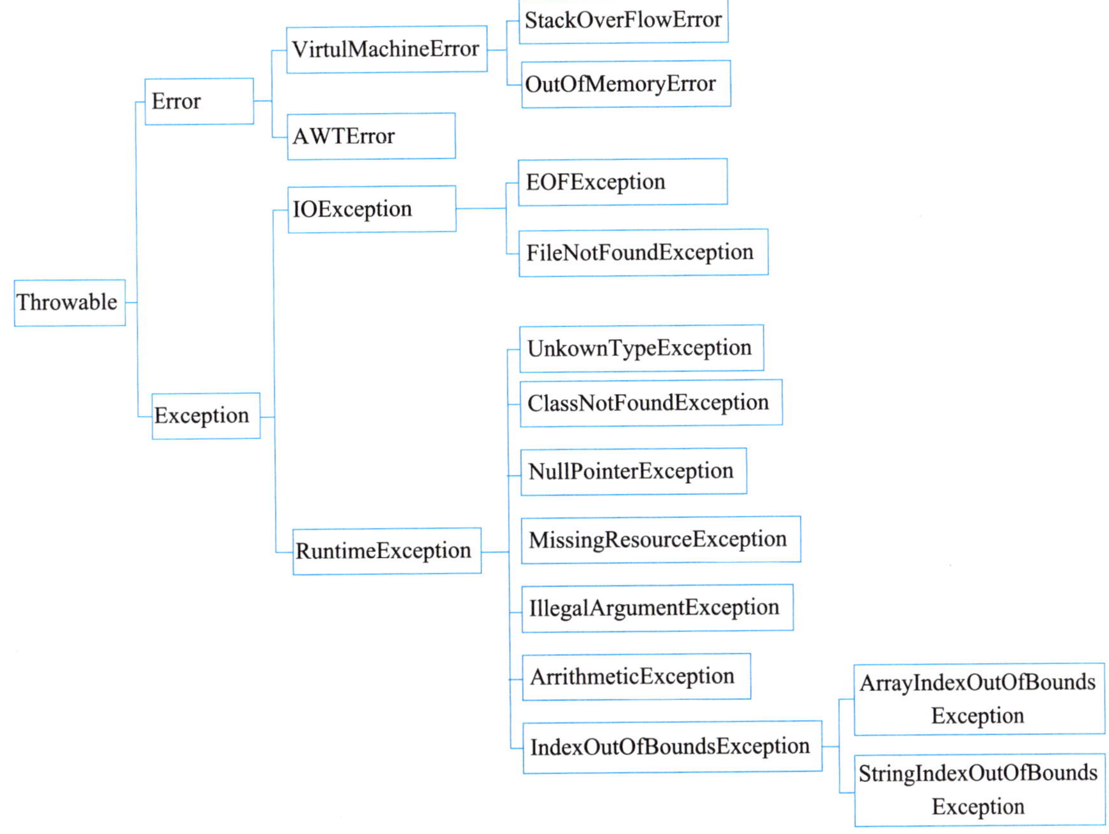

图 4－1　Java 异常类的类结构图

当正在运行的 Java 系统接收到抛出的异常对象时，会寻找能处理这一异常事件的代码并把当前异常对象交给其处理，这一过程称为捕获（catch）异常。

Java 的异常处理需要掌握 5 个关键字 try、catch、finally、throws、throw 的使用方法。

1. try...catch...finally 的使用

语法格式 1，try 语句后面跟一个 catch 语句：

```
try{
  // 语句块；
  // 可能产生异常的代码
} catch( 异常类名  对象名 ){
  // 语句块；
  // 对异常的处理
} finally{
   // 语句块；
}
```

语法格式 2，try 语句后面跟多个 catch 语句：

```
try{
    // 语句块 ;
   ......
  }catch( 异常类名 1  对象名 1){
    // 语句块;
  }catch( 异常类名 2 对象名 2){
    // 语句块;
  }catch( 异常类名 3 对象名 3){
    // 语句块
  }catch...
finall{
    // 语句块 ;
......
    }
```

关于 try...catch...finally 结构，有以下几点说明：

（1）try 语句块中的语句是可能发生异常的语句，或者说是需要监控的语句。如果执行到该语句块中的某条语句时发生异常，则立即停止该语句块的执行，流程会根据发生异常的类型转到相应的 catch 语句块。

（2）try 语句块后可以有多个 catch 语句块，每一个 catch 语句块声明其能处理的异常类型并提供了处理的方法。如果执行 try 语句块中的语句时没有发生异常，显然所有 catch 语句块也不会被执行。

（3）“catch（异常类 参数名）”，这里的参数用来接收抛出异常对象的引用，通过该引用可以获取与抛出异常相关的信息。所以只有当抛出的异常类型和“ catch（异常类 参数名）”中异常类类型相同或者是其子类的时候，该 catch 语句块才会被执行。

（4）由于异常对象与 catch 块的匹配是按照 catch 语句块的先后排列顺序进行的，有多个 catch 语句块时，最多只会执行其中一个，所以在处理多异常时应注意各 catch 语句块的排列顺序，如果处理的异常存在继承关系，应该先处理子类异常后处理父类异常，否则编译不能通过。

（5）无论是否发生异常，finally 代码块都会被执行，它为异常处理提供了一个统一的出口，所以在语句块中可以进行资源的清除工作，如关闭打开的文件或删除临时文件等。

【例 4-2】 通过案例掌握 try...catch...finally 的使用方法。

```
import java.util.InputMismatchException;
import java.util.Scanner;
```

```
public class Demo4_02 {
    public static void main(String[] args) {
        try {
            Scanner sc = new Scanner(System.in);
                System.out.println(" 输入第一个数：");
                int  a = sc.nextInt();
                System.out.println(" 输入第二个数 :");
                int  b = sc.nextInt();
                System.out.println(" 两数相除的结果为：" + a / b);
                } catch (InputMismatchException e) {   // 输入不匹配异常
                    System.out.println(" 你应该输入整数 ");
                } catch (ArithmeticException e) {        // 算术异常
                    System.out.println(" 除数不能为 0");
                } catch (Exception e) {                  // 其他异常
                    System.out.println(" 未知名错误 ");
                } finally {
                    System.out.println(" 程序运行结束了 ");
                }
        }
}
```

程序运行的结果：

```
输入第一个数:
10
输入第二个数:          输入第一个数:
0                      10.8
除数不能为0            你应该输入整数
程序运行结束了         程序运行结束了
```

2. throws 和 throw 的使用

throws 是声明该方法可能抛出的异常，如果该方法确实有异常发生，会生成一个异常对象并自动抛出该异常，也可以采用 throw 显示抛出；如果自行定义异常类对象，然后强制抛出，就要采用 throw 关键字抛出异常。

throws 的语法格式为：

```
修饰符 方法返回值类型 方法名（参数列表）throws 异常类 1，…异常类 n{
    // 方法体
}
```

用 throws 声明该方法体可能有异常产生，如果有多个异常类，异常类之间用逗号分隔。

throw 关键字抛出异常的语法格式为：

throw new 异常类（参数列表）；

throws 和 throw 关键字经常配合起来使用。

【例 4-3】 通过案例掌握 throws 的使用方法。

```
class Maths{
   public int div(int i,int j) throws Exception{
   // 定义除法操作，如果有异常，则交给被调用处处理
      int temp = i / j ;              // 计算，但是此处有可能出现异常
      return temp ;
   }
}
public class Demo4_03 {
   public static void main(String args[]) throws Exception{
      Maths m = new Maths();   // 实例化 Math 类对象
      System.out.println(" 除法操作：" + m.div(10,0)) ;
   }
}
```

程序运行的结果：

```
Exception in thread "main" java.lang.ArithmeticException: / by zero
	at Math.div(Demo4_03.java:3)
	at Demo4_03.main(Demo4_03.java:10)
```

【例 4-4】 通过案例掌握 throws 和 throw 的使用方法。

```
public class Demo4_04 {
   public static void main(String []args){
   public static void printScore(int score) throws Exception{
      if(score<0||score>100){
         throw new Exception(" 输入的成绩有误，必须在 0--100 之间的整数 ");
      }else{
         System.out.println(" 该生的成绩是："+score);
      }
   }
   public static void main(String []args){
      int  score=-1;
      try{
         printScore(score);
      }catch(Exception e){
         System.out.println(" 捕获的异常信息为 :"+e.getMessage());
      }
   }
```

```
}
```

程序运行结果：

```
捕获的异常信息为:输入的成绩有误，必须是0--100之间的整数
```

4.4 任务进阶

自定义异常

只需要继承 Exception 类就可以自定义异常类。因为 Java 中提供的都是标准异常类（包括一些异常信息），如果需要自己想要的异常信息就可以自定义异常类。

【例 4-5】 通过案例掌握自定义异常类的使用方法。

```
class MyException extends Exception{
  // 自定义异常类继承 Exception 类
  public MyException(String msg){
  super(msg);                    // 调用 Exception 类中有一个参数的构造方法
  }
};
public class Demo4_05 {
  public static void main(String[] args){
    try{
      throw new MyException(" 自定义异常。");
      // 抛出异常
      } catch(Exception e){
      System.out.println(e) ;  // 打印错误信息
    }
  }
}
```

程序运行的结果：

```
MyException: 自定义异常。
```

4.5 任务总结

本章主要介绍了 Java 的异常处理机制，包括异常的含义、异常的分类、异常的几种处理方法，以及自定义异常等。

Java 异常是用于处理程序在运行的过程中发生的一些异常事件（如：除 0 溢出，数组下标越界，所要读取的文件不存在）的一种机制。

Error 称为错误，由 Java 虚拟机生成并抛出，包括动态链接失败、虚拟机错误等，程序对其不做处理。RuntimeException 称为运行期异常，是一类特殊的异常。

Java 的异常处理需要掌握 5 个关键字 try、catch、finally、throws、throw 的使用方法。

throws 声明该方法可能抛出的异常，throw 是抛出异常。

4.6 任务练习

1. 同一段程序可能产生不止一种异常。可以放置多个________子句，其中每一种异常类型都将被检查，第一个与之匹配的就会被执行。

2. 捕获异常要求在程序的方法中预先声明，在调用方法时用 try...catch...________语句捕获并处理。

3. Java 语言将可预料和不可预料的出错称为________。

4. 按异常处理不同可以分为运行异常、捕获异常、声明异常和________几种。

5. 抛出异常的程序代码可以是________类或者是 JDK 中的某个类，还可以是 JVN。

6. 抛出异常、生成异常对象都可以通过________语句实现。

7. 捕获异常的统一出口通过________语句实现。

8. Throwable 类有两个子类：________类和 Exception 类。

9. 对程序语言而言，一般有编译错误和________错误两类。

10. 一个 try 语句块后必须跟________语句块，________语句块可以没有。

11. 自定义异常类必须继承________类及其子类。

12. 从命令行得到 6 个整数，放入一整型数组，然后打印输出，要求：如果输入数据为整数，要捕获 Integer.parseInt() 产生的异常，显示“请输入整数”，捕获输入参数大于 6 个的异常（数组越界），显示“请输入，最多输入 6 个整数”。

13.（自定义异常）创建两个自定义异常类 MyException1 和 MyException2。要求：

（1）MyExceptionOne 为已检查异常，MyExceptionTwo 为未检查异常。

（2）这两个异常均具有两个构造函数，一个无参数，另一个带字符串参数，参数表示产生异常的详细信息。

14. 创建一个类，其中的 try 块内抛出 Exception 类的一个对象，为 Exception 的构造方法赋予一个字符串参数，用 catch 语句捕获该异常，并打印出字符串参数，添加一个 finally 从句，并打印一条消息，证明程序到达那里。

15. 编写一个能够产生字符串越界异常（StringIndexOutOfBoundsException）的程序，并对产生的异常进行处理。

第 5 章

常用类和集合

5.1 任务描述

本章主要学习 Java 系统包中 String、StringBuffer、Math 等常用类的应用以及 Collection、List 和 Set 集合接口的应用。Java 常用类是可以直接引用的，有助于 Java 程序员方便、快捷地开发 Java 程序。集合主要用来储存 Java 数据，不同的集合放不同类型的数据。

5.2 任务目的

- 掌握 Java 系统包中 String、StringBuffer 等常用类的应用
- 掌握 Collection、List 和 Set 集合接口的应用

5.3 任务相关知识

5.3.1 常用类

常用类是在 Java 程序开发的过程中常常用到的类，例如：字符与不同数据之间的转换、随机数等，这些类是 Java 系统中提供的。

1. String 类

（1）String 类中的常用构造方法（见表 5－1）。

表 5－1　String 类中的常用构造方法

构造方法	主要功能
public String()	创建一个空的字符串对象
public String(byte[] bytes)	通过 byte 数组构造字符串对象
public String(char[] value, int offset, int count)	从字符数组的第 offset 位将字符串的 count 字节转化为字符串（从 0 开始计数）
public String(StringBuffer buffer)	通过 StringBuffer 数组构造字符串对象

【例 5-1】 通过案例掌握 String 类的常用构造方法。

```
public class Demo5_01 {
    public static void main(String[] args) {
        byte[] b = {'a','b','c','d','e','f','g','h'};
        char[] c = {'0','1','2','3','4','5','6','7','8','9'};
        String sb = new String(b);
        String sb_b = new String(b,2,4);
        String sc = new String(c);
        String sc_c = new String(c,2,4);
        String sb_copy = new String(sb);
        System.out.println("sb:"+sb);
        System.out.println("sb_b:"+sb_b);
        System.out.println("sc:"+sc);
        System.out.println("sc_c:"+sc_c);
        System.out.println("sb_copy:"+sb_copy);
    }
}
```

程序运行的结果：

```
sb:abcdefgh
sb_b:cdef
sc:0123456789
sc_c:2345
sb_copy:abcdefgh
```

（2）String 类中常用的方法（见表 5－2）。

表 5－2　String 类中常用的方法

方法	主要功能
public char charAt(int index)	取字符串中的某一个字符，其中的参数 index 指的是字符串中的序数。字符串的序数从 0 开始到 length()-1
public int compareTo (String anotherString)	当前 String 对象与 anotherString 比较。相等关系返回 0；不相等时，从两个字符串第 0 个字符开始比较，返回第一个不相等的字符差。另一种情况，较长字符串的前面部分恰巧是较短的字符串，返回它们的长度差

续表

方法	主要功能
public String concat (String str)	将 String 对象与 str 连接在一起
public boolean endsWith (String suffix)	该 String 对象是否以 suffix 结尾
public boolean equals (Object anObject)	当 anObject 不为空并且与当前 String 对象一样时，返回 true；否则，返回 false
public void getChars(int srcBegin, int srcEnd, char[] dst, int dstBegin)	该方法将字符串拷贝到字符数组中。其中，srcBegin 为拷贝
public int indexOf(String str)	从左到右配字符串位置
public int indexOf(String str, int fromIndex)	从 fromIndex 开始从左到右配字符串位置
public int lastIndexOf(String str)	从右到左找第一个匹配字符串位置
public int lastIndexOf(String str, int fromIndex)	从 fromIndex 开始从右到左找第一个匹配字符串位置
public. int length()	返回当前字符串长度
public boolean startsWith(String prefix)	该 String 对象是否以 prefix 开始
public boolean startsWith(String prefix, int toffset)	该 String 对象从 toffset 位置算起，是否以 prefix 开始
public String substring (int beginIndex)	取从 beginIndex 位置开始到结束的子字符串
public String substring(int beginIndex, int endIndex)	取从 beginIndex 位置开始到 endIndex 位置的子字符串
public char[] toCharArray()	将 String 对象转换成 char 数组

【例 5-2】 通过案例掌握 String 类的常用方法。

```
public class Demo5_02 {
    public static void  main(String arg[]) {
        String s1="abcdefghijklmn";
        char c1=s1.charAt(2);
        int compareTo=s1.compareTo("bcdl");
        String concat=s1.concat("ABCD");
        boolean endsWith1=s1.endsWith("mn");
        boolean endsWith2=s1.endsWith("m");
        boolean equals=s1.equals("abcdefghijklmn");
        String  s2="abcdefabcdefabcdef";
        int indexOf1=s2.indexOf("de");
        int indexOf2=s2.indexOf("de",6);
        int lastIndexOf1=s2.lastIndexOf("cd");
```

```
        int lastIndexOf2=s2.lastIndexOf("cd",11);
        int length=s2.length();
        boolean startsWith1=s2.startsWith("ab");
        boolean startsWith2=s2.startsWith("ab",6);
        String substring1=s2.substring(6);
        String substring2=s2.substring(6,6);
        char[] c2=s1.toCharArray();
        System.out.println("c1="+c1);
        System.out.println("compareTo="+compareTo);
        System.out.println("concat="+concat);
        System.out.println("endsWith1="+endsWith1);
        System.out.println("endsWith2="+endsWith2);
        System.out.println("equals="+equals);
        System.out.println("indexOf1="+indexOf1);
        System.out.println("indexOf2="+indexOf2);
        System.out.println("lastIndexOf1="+lastIndexOf1);
        System.out.println("lastIndexOf2="+lastIndexOf2);
        System.out.println("length="+length);
        System.out.println("startsWith1="+startsWith1);
        System.out.println("startsWith2="+startsWith2);
        System.out.println("substring1="+substring1);
        System.out.println("substring2="+substring2);
        for(char c : c2){
            System.out.print(c+"");
        }
    }
}
```

程序运行的结果：

```
c1=c
compareTo=-1
concat=abcdefghijklmnABCD
endsWith1=true
endsWith2=false
equals=true
indexOf1=3
indexOf2=9
lastIndexOf1=14
lastIndexOf2=8
length=18
startsWith1=true
startsWith2=true
substring1=abcdefabcdef
substring2=
a b c d e f g h i j k l m n
```

将 int、char、boolean、long、float 和 double 6 种类型的变量转换为 String 类型的对象。

```
public static String valueOf(int i)
```

```
public static String valueOf(boolean b)
public static String valueOf(char c)
public static String valueOf(double d)
public static String valueOf(float f)
public static String valueOf(long l)
public static String valueOf(Object obj)
```

将 String 类型的对象转换为 int、char、boolean、long、float 和 double 6 种类型的变量。

```
public static int parseInt(String s);
Integer.parseInt(s);
public static byte parseByte(String s);
Byte.parseByte(s);
public static short parseShort(String s);
Short.parseShort(s);
public static long parseLong(String s);
Long.parseLong(s);
public static float parseFloat(String s);
Float.parseFloat(s);
public static double parseDouble(String s);
Double.parseDouble(s);
```

2. StringBuffer 类

当对字符串进行修改的时候，需要使用 StringBuffer 类。和 String 类不同的是，StringBuffer 类的对象能够被多次修改，并且不产生新的未使用对象。StringBuffer 可以完成字符串的动态添加、插入和替换等操作。

（1）StringBuffer 类的构造方法（见表 5－3）。

表 5－3　StringBuffer 类的构造方法

构造方法	主要功能
Public StringBuffer()	无参构造方法
Public StringBuffer(int capacity)	指定容量的字符串缓冲区对象
Public StringBuffer(String str)	指定字符串内容的字符串缓冲区对象

（2）StringBuffer 类的常用方法（见表 5－4）。

表 5－4　StringBuffer 类的常用方法

方法	主要功能
PublicStringsubString(intstart)	返回一个新的 String，它包含此序列当前所包含的字符子序列

续表

方法	主要功能
PubliccharcharAt(intindex)	返回此序列中指定索引处的 char 值
PublicStringBufferappend (Stringstring)	将参数里指定的内容追加到此序列中
PubliccharcharAt(intindex)	返回此序列中指定索引处的 char 值
PublicStringBufferdelete(intstart,intend)	移除此序列的子字符串中的字符
PublicStringBufferdeletecharAt(intindex)	移除此序列指定位置的 char
PublicStringBufferinsert(intoffset,Stringstr)	表示将括号里的某种数据类型的变量插入某一序列中
PublicStringBufferreplace(intstart,intend,Stringstr)	用指定的 String 中的字符替换此序列的子字符串中的 String
PublicStringtoString()	返回表示此顺序中的数据的字符串
Publicintlength()	返回长度（字符数）

【例 5-3】 通过案例掌握 StringBuffer 类的常用方法。

```
public class Demo5_03 {
    public static void main(String[] args) {
        System.out.println("test1:");
        test1();
        System.out.println("test2:");
        test2();
        System.out.println("test3:");
        test3();
        System.out.println("test4:");
        test4();
        System.out.println("test5:");
        test5();
        System.out.println("test6:");
        test6();
    }
public static void test1() {
        StringBuffer sb = new StringBuffer();
        sb.append("This is a StringBuffer");
        System.out.print("sb.substring(4)=" + sb.substring(4));
        System.out.println("sb.substring(4,9)=" + sb.substring(4, 9));
    }
public static void test2() {
        StringBuffer sb = new StringBuffer("This is a StringBuffer");
```

```
        System.out.println(sb.charAt(sb.length() - 1));
    }
    public static void test3() {
        StringBuffer sb = new StringBuffer("This is a StringBuffer!");
        sb.delete(0, 5);
        sb.deleteCharAt(sb.length() - 1);
        System.out.println(sb.toString());
    }
    public static void test4() {
        StringBuffer sb = new StringBuffer("This is a StringBuffer!");
        sb.insert(1, 'W');
        sb.insert(2, newchar[] { 'A', 'B', 'C' });
        sb.insert(8, "abc");
        sb.insert(6, 8);
        sb.insert(2, true);
        System.out.println("Insert: " + sb.toString());
    }
    public static void test5() {
        StringBuffer sb = new StringBuffer("This is a StringBuffer!");
        sb.replace(10, sb.length(), "Integer");
        System.out.println("Replace: " + sb.toString());
    }
    public static void test6() {
        StringBuffer sb = new StringBuffer("This is a StringBuffer!");
        System.out.println(sb.reverse());
    }
}
```

程序运行的结果：

```
test1:
sb.substring(4)= is a StringBuffersb.substring(4,9)= is a
test2:
r
test3:
is a StringBuffer
test4:
Insert: TWtrueABCh8isabc is a StringBuffer!
test5:
Replace: This is a Integer
test6:
!reffuBgnirtS a si sihT
```

3. Math 类

Math 类本身不是静态的，但它的方法以及成员变量都是静态的。

Math 类的常用方法见表 5 - 5。

表 5-5　Math 类的常用方法

方法	主要功能
public static double abs(double a)	返回一个参数的绝对值
public static double cbrt(double a)	返回参数的立方根
public static double ceil(double a)	返回大于或等于参数的最小（最接近负无穷大）double 值，并等于数学整数
public static double floor(double a)	返回小于或等于参数的最大（最接近正无穷大）double 值，并等于数学整数
public static double max(double a, double b)	返回两个参数值中的较大值
public static double min(double a, double b)	返回两个参数值中的较小值
public static double pow(double a, double b)	返回第一个参数的第二个参数次幂的值
public static double random()	返回带正号的 double 值，该值大于等于 0.0 且小于 1.0
public static double rint(double a)	返回最接近 a 的整数浮点值
public static double sqrt(double a)	返回 a 的正平方根

【例 5-4】 通过案例掌握 Math 类的常用方法。

```
public class Demo5_04 {
    public static void main(String[] args) {
        System.out.print("01abs="+Math.abs(-20.1)+"");
        System.out.println("02abs="+Math.abs(20.1)+"");
        System.out.print("03ceil="+Math.ceil(-20.2)+"");
        System.out.print("04ceil="+Math.ceil(20.8)+"");
        System.out.print("05ceil="+Math.ceil(-0.8)+"");
        System.out.print("06ceil="+Math.ceil(0.0)+"");
        System.out.println("07ceil="+Math.ceil(-0.0)+"");
        System.out.print("08floor="+Math.floor(-60.2)+"");
        System.out.print("09floor="+Math.floor(60.8)+"");
        System.out.print("10floor="+Math.floor(-0.8)+"");
        System.out.print("11floor="+Math.floor(0.0)+"");
        System.out.println("12floor="+Math.floor(-0.0)+"");
        System.out.print("13max="+Math.max(-60.1, -50)+"");
        System.out.print("14max="+Math.max(50.7, 50)+"");
        System.out.println("15max="+Math.max(0.0, -0.0)+"");
        System.out.print("16min="+Math.min(-60.1, -50)+"");
        System.out.print("17min="+Math.min(50.7, 50)+"");
        System.out.println("18min="+Math.min(0.0, -0.0)+"");
        System.out.print("19random="+Math.random()+"");
        System.out.println("20random="+Math.random()+"");
        System.out.print("21rint="+Math.rint(80.2)+"");
```

```
        System.out.print("22rint="+Math.rint(80.8)+"");
        System.out.print("23rint="+Math.rint(81.5)+"");
        System.out.print("24rint="+Math.rint(80.5)+"");
        System.out.println("25rint="+Math.rint(80.51)+"");
        System.out.print("26rint="+Math.rint(-80.5)+"");
        System.out.print("27rint="+Math.rint(-81.5)+"");
        System.out.print("28rint="+Math.rint(-80.51)+"");
        System.out.print("29rint="+Math.rint(-80.6)+"");
        System.out.println("30rint="+Math.rint(-80.2)+"");
        System.out.print("31round="+Math.round(80.2)+"");
        System.out.print("32round="+Math.round(80.8)+"");
        System.out.print("33round="+Math.round(80.5)+"");
        System.out.print("34round="+Math.round(80.51)+"");
        System.out.println("35round="+Math.round(-80.5)+"");
        System.out.print("36round="+Math.round(-80.51)+"");
        System.out.print("37round="+Math.round(-80.6)+"");
        System.out.println("38round="+Math.round(-80.2)+"");
        System.out.print("39cbrt="+Math.cbrt(36)+"");
        System.out.print("40sqrt="+Math.sqrt(8)+"");
    }
}
```

程序运行的结果：

```
01abs=20.1  02abs=20.1
03ceil=-20.0  04ceil=21.0  05ceil=-0.0  06ceil=0.0  07ceil=-0.0
08floor=-61.0  09floor=60.0  10floor=-1.0  11floor=0.0  12floor=-0.0
13max=-50.0  14max=50.7  15max=0.0
16min=-60.1  17min=50.0  18min=-0.0
19random=0.3978512776365294  20random=0.38336495343106747
21rint=80.0  22rint=81.0  23rint=82.0  24rint=80.0  25rint=81.0
26rint=-80.0  27rint=-82.0  28rint=-81.0  29rint=-81.0  30rint=-80.0
31round=80  32round=81  33round=81  34round=81  35round=-80
36round=-81  37round=-81  38round=-80
39cbrt=3.3019272488946267  40sqrt=2.8284271247461903
```

4. Random 类

Random 类的实例用于生成伪随机数的流。

（1）Random 类的构造方法（见表 5－6）。

表 5－6　Random 类的构造方法

构造方法	主要功能
Public Random()	该构造方法使用一个和当前系统时间对应的并与相对时间有关的数字作为种子数，然后使用这个种子数构造 Random 对象
Public Random(long seed)	该构造方法可以通过制定一个种子数进行创建，种子数只是随机算法的起源数字，和生成的随机数字的区间无关

（2）Random 类的常用方法（见表 5－7）。

表 5－7　Random 类的常用方法

方法	主要功能
protected int next(int bits)	生成下一个伪随机数。当被所有其他方法使用时，子类应该重写此方法
public int nextInt()	返回下一个伪随机数，它是此随机数生成器的序列中均匀分布的 int 值。nextInt 的常规协定是，伪随机地生成并返回一个 int 值。所有 2^{32} 个可能 int 值的生成概率（大致）相同
public float nextFloat()	返回下一个伪随机数，它是取自此随机数生成器序列的且在 0.0 和 1.0 之间均匀分布的 float 值
public double nextDouble()	返回下一个伪随机数，它是取自此随机数生成器序列的且在 0.0 和 1.0 之间均匀分布的 double 值

【例 5-5】 通过案例掌握 Random 类的常用方法。

```
import java.util.Random;
public class text5_5 {
    public static void main(String[] args){
        Random rand1 = new Random();
        Random rand2 = new Random(20);
        for(int i=0;i<10;i++){
            int m = rand1.nextInt(20);
            int n = rand2.nextInt(20);
            System.out.println(" 第 "+(i+1)+" 次    m="+m+",n="+n);
        }
    }
}
```

程序运行的结果：

```
第1次 m=9,n=13
第2次 m=18,n=16
第3次 m=18,n=1
第4次 m=19,n=1
第5次 m=18,n=5
第6次 m=18,n=15
第7次 m=18,n=13
第8次 m=11,n=15
第9次 m=3,n=13
第10次 m=12,n=8
```

5. Date 类

我们经常要处理有关日期和时间的信息，这时候可以使用 java.util 中的 Date 类，Date 类并不仅仅表示日期，甚至可以精确到毫秒。此外，在 java.sql 中存在一个同名的 Date 类，此类是用来描述数据库中时间字段的。

（1）Date 类的常用构造方法（见表 5－8）。

表 5－8　Date 类的常用构造方法

构造方法	主要功能
public Date()	构造一个 Date 对象，并对其进行初始化以反映当前时间
public Date(long date)	构造一个 Date 对象，并根据相对于 GMT 1970 年 1 月 1 日 00:00:00 的毫秒数对其进行初始化

（2）Date 类的常用方法（见表 5－9）。

表 5－9　Date 类的常用方法

方法	主要功能
public boolean before(Date when)	测试此日期是否在指定日期之前
public boolean after(Date when)	测试此日期是否在指定日期之后
public long getTime()	返回自 1970 年 1 月 1 日以来，由 Date 对象表示的 00:00:00 GMT 的毫秒数
public void setTime(long time)	按照相对于 GMT 1970 年 1 月 1 日 00:00:00 的毫秒数设置 Date 对象
public int compareTo(Date anotherDate)	比较两个日期进行订购
public String toString()	格式化日期转义格式 yyyy-mm-dd

【例 5-6】 通过案例掌握 Date 类的常用方法。

```
import java.util.Date;
public classDemo5_06 {
    public static void main(String[] args) {
        Date date = new Date();
        System.out.println("toString: "+date.toString());
        System.out.println("getTime: "+date.getTime());
        date.setTime(999101585);
        System.out.println("toString: "+date.toString());
        System.out.println("getTime: "+date.getTime());
    }
}
```

程序运行的结果：

```
toString: Sun Apr 01 16:57:07 GMT+08:00 2018
getTime: 1522573027866
toString: Mon Jan 12 21:31:41 GMT+08:00 1970
getTime: 999101585
```

6. Vector 类

（1）Vector 类的构造方法（见表 5－10）。

表 5－10 Vector 的构造方法

构造方法	主要功能
public Vector()	构造一个空向量，使其内部数据数组的大小为 10，其标准容量增量为零
public Vector (intinitialCapacity)	构造一个空向量，使其内部数据数组的大小为 10，其标准容量增量为零
public Vector (int initialCapacity, int capacityIncrement)	使用指定的初始容量和容量增量构造一个空向量

（2）Vector 类的常用方法（见表 5－11）。

表 5－11 Vector 类的常用方法

方法	主要功能
public boolean add(E e)	将指定的元素追加到 Vector 的末尾
public void add(int index, E element)	在此 Vector 中的指定位置插入指定的元素
public void clear()	从此 Vector 中删除所有元素。此调用返回后，Vector 将为空（除非引发异常）
public boolean removeAll(Collection<?> c)	从 Vector 中删除指定集合中包含的所有元素
public int indexOf(Object o)	返回此向量中指定元素第一次出现的索引，如果此向量不包含元素，则返回 -1
public int indexOf(Object o,int index)	返回此向量中指定元素第一次出现的索引，从 index 向前 index，如果未找到该元素，则返回 -1
public int lastIndexOf(Object o)	返回此向量中指定元素最后一次出现的索引，如果此向量不包含元素，则返回 -1
public int lastIndexOf(Object o,int index)	public int lastIndexOf(Object o,int index) 返回此向量中最后一次出现的指定元素的索引，从 index 处逆向搜索，如果未找到该元素，则返回 -1
public int size()	返回此向量中的组件数
public void setSize(int newSize)	设置此向量的大小
public E get(int index)	返回此向量中指定位置的元素

【例 5-7】 通过案例掌握 Vector 类的常用方法。

```
import java.util.Vector;
public class Demo5_07 {
    public static void main(String[] args)
    {
        Vector v = new Vector(4);
        v.add("ABC");
        v.add("def");
```

```
        v.add("ghi");
        v.add("jkl");
        v.add("mno");
        int size1 = v.size();
        System.out.println("size1:" + size1);
         for(int i = 0;i < v.size();i++)
            {
            System.out.print(i+":"+v.get(i)+"");
        }
        System.out.println();
        v.remove("jkl");
        v.remove(0);
         int size2 = v.size();
        System.out.println("size2:" + size2);
         for(int i = 0;i < v.size();i++)
        {
            System.out.print(i+":"+v.get(i)+"");
        }
    }
}
```

程序运行的结果：

```
size1:5
0:ABC 1:def 2:ghi 3:jkl 4:mno
size2:3
0:def 1:ghi 2:mno
```

5.3.2 集合

1. 集合概述

集合类存放于 java.util 包中。集合就是存放数据的容器，集合类存放的都是对象的引用，而非对象本身，出于表达上的便利，我们所称的集合中的对象就是指集合中对象的引用。

集合类型主要有 3 种：Set（集）、List（列表）和 Map（映射）。

集合比数组的优势有以下两点：

（1）集合可以存储任意类型的对象数据，数组只能存储同一种数据类型的数据。

（2）集合的长度是会发生变化的，数组的长度是固定的。

2. Collection

Collection 是一个接口，是高度抽象出来的集合，它包含了集合的基本操作：添加、删除、清空、遍历（读取）、是否为空、获取大小、是否保护某元素等。Collection 接口的所有子类（直接子类和间接子类）都必须实现两种构造函数：不带参数的构造函数和参数为 Collection 的构造函数。带参数的构造函数可以用来转换 Collection 的类型。

在 Collection 接口中一共定义了 15 个方法，在所有的方法中只有两个方法最为常用：add()、iterator()。不过很少会去直接使用 Collection，都会使用 Collection 的两个子接口：List、Set。

Collcetion 接口要实现的方法见表 5 - 12。

表 5 - 12　Collcetion 接口要实现的方法

方法	主要功能
boolean add(E e)	确保此集合包含指定的元素（可选操作）
boolean addAll(Collection<? extends E> c)	将指定集合中的所有元素添加到此集合（可选操作）
void clear()	从此集合中删除所有元素（可选操作）
boolean contains(Object o)	如果此集合包含指定的元素，则返回 true
boolean containsAll(Collection<?> c)	如果此集合包含指定集合中的所有元素，则返回 true
boolean equals(Object o)	将指定的对象与此集合进行比较以获得相等性
int hashCode()	返回此集合的哈希码值
boolean isEmpty()	如果此集合不包含元素，则返回 true
Iterator<E> iterator()	返回此集合中的元素的迭代器
default Stream<E> parallelStream()	返回可能并行的 Stream，与此集合作为其来源
boolean remove(Object o)	从该集合中删除指定元素的单个实例（如果存在)(可选操作）
boolean removeAll(Collection<?> c)	删除指定集合中包含的所有此集合的元素（可选操作）
default boolean removeIf(Predicate<? super E> filter)	删除满足给定谓词的此集合的所有元素
boolean retainAll(Collection<?> c)	仅保留此集合中包含在指定集合中的元素（可选操作）
int size()	返回此集合中的元素数
default Spliterator<E> spliterator()	创建一个 Spliterator 在这个集合中的元素
default Stream<E> stream()	返回以此集合作为源的顺序 Stream
Object[] toArray()	返回一个包含此集合中所有元素的数组
<T> T[] toArray(T[] a)	返回包含此集合中所有元素的数组；返回数组在运行时，其类型是指定数组运行时的类型

3. List

在实际应用中，如果使用到队列、栈、链表，首先可以想到使用 List。不同的场景下使用不同的工具，效率才能更高。List 是一个有序的、可以访问重复数据的集合。

（1）当集合中对插入元素数据的速度要求不高，但是要求快速访问元素数据时，则使用 ArrayList！

（2）当集合中对访问元素数据的速度要求不高，但是对插入和删除元素数据速度要求高时，则使用 LinkedList！

（3）当集合中有多线程对集合元素进行操作时，则使用 Vector！但是现在 BVector 一般不再使用，如需在多线程下使用，可以用 CopyOnWriteArrayList，在 java.util.concurrent 包下。

（4）当集合中有需求是希望后保存的数据先读取出来，则使用 Stack！

按照面向对象的概念来讲，现在使用 ArrayList 主要的目的是使 List 接口实例化，所有的操作方法都以 List 接口为主。

List 的方法大部分是从 Collection 继承而来的。

【例 5-8】 通过案例掌握 List 类的使用方法。

```
import java.util.ArrayList;
import java.util.List;
interface Animal {
    public String getName() ;
    public int getAge() ;
}
class Dog implements Animal {
    private String name ;
    privateintage ;
    public Dog(String name,int age) {
        this.name=name;
        this.age = age ;
    }
    public String getName() {
        return this.name;
    }
    public int getAge() {
        return this.age ;
    }
    public String toString() {
        return"〖狗的信息〗名字：" +name + "，年龄：" +age ;
    }
    public boolean equals(Object obj) {
        if (this == obj) {
            return true ;
        }
        if (obj == null) {
            return false ;
        }
```

```
        if (!(obj instanceof Dog)) {
            return false ;
        }
        Dog dog = (Dog) obj ;
        if (this.name.equals(dog.name)&&this.age == dog.age) {
            return true ;
        }
            return false ;
    }
}
class Cat implements Animal {
        private String name ;
        privateintage ;
        public Cat(String name,int age) {
            this.name =name;
            this.age = age ;
    }
    public String getName() {
        return this.name;
    }
    public cint getAge() {
        return this.age ;
    }
    public String toString() {
        return"〖猫的的信息〗名字：" +name + "，年龄：" +age ;
    }
    public boolean equals(Object obj) {
        if (this == obj) {
            return true ;
        }
        if (obj == null) {
            return false ;
        }
        if (!(obj instanceof Cat)) {
            return false ;
        }
            Cat c = (Cat) obj ;
        if (this.name.equals(c.name)&&this.age == c.age) {
            return true ;
        }
```

```
            return false ;
        }
    }
    public class Demo5_08 {
        public static void main(String args[]) {
            List<Animal> zooList=new  ArrayList<Animal>();
            zooList.add(new Dog(" 牧羊犬 ",1));
            zooList.add(new Dog(" 哈巴狗 ",1));
            zooList.add(new Dog(" 泰迪 ",1));
            zooList.add(new Dog(" 哈士奇 ",1));
            zooList.add(new Cat(" 波斯猫 ",2));
            zooList.add(new Cat(" 狸花猫 ",2));
            zooList.add(new Cat(" 黑猫 ",2)) ;
            zooList.remove(new Dog(" 泰迪 ",1));
            for (int i= 0 ; i < zooList.size() ; i ++) {
                System.out.println(zooList.get(i)) ;
            }
        }
    }
```

程序运行的结果：

```
【狗的信息】名字：牧羊犬，年龄：1
【狗的信息】名字：哈巴狗，年龄：1
【狗的信息】名字：哈士奇，年龄：1
【猫的的信息】名字：波斯猫，年龄：2
【猫的的信息】名字：狸花猫，年龄：2
【猫的的信息】名字：黑猫，年龄：2
```

4. Set

在 Collection 接口定义了 15 个常用方法，但是 Set 子接口并不像 List 子接口那样对 Collection 接口进行了大量的扩充，而是完整地继承了下来，那么就证明了在 Set 子接口中是肯定无法使用 get() 方法的。

Set 是一个无序且不允许放重复的数据的集合。

无序指的是存进去的时候是一个顺序，取出来的时候不一定是这个顺序。

下面分别说明在 Set 子接口中常用的两个子类：HashSet、TreeSet。

（1）HashSet。

Hash（哈希）属于一种算法，这种算法的核心意义是找空保存算法，所以只要一看见 Hash，第一反应就是没有顺序的保存。

【例 5-9】 通过案例掌握 HashSet 类的使用方法。

```
import java.util.HashSet;
```

```
import java.util.Set;
public class Demo5_09 {
    public static void main(String[] args) throws Exception {
        Set<String>set = new HashSet<String>() ;
        set.add("set");
        set.add("set");
        set.add("hashset");
        set.add("hash");
        set.add("HashSet");
        System.out.println(set);
    }
}
```

程序运行的结果：

```
[hashset, hash, set, HashSet]
```

（2）TreeSet。

如果现在希望 Set 集合中保存的数据有顺序，那么就通过 TreeSet 进行 Set 接口的实例化。

【例 5-10】 通过案例掌握 TreeSet 类的使用方法。

```
import java.util.Set;
import java.util.TreeSet;
public class Demo5_10 {
    public static void main(String[] args) throws Exception {
        Set<String> set = new TreeSet<String>() ;
        set.add("T") ;
        set.add("D") ;
        set.add("B") ;
        set.add("B") ;
        set.add("C") ;
        set.add("A") ;
        set.add("F") ;
        System.out.println(set);
    }
}
```

程序运行的结果：

```
[A, B, C, D, F, T]
```

5. 迭代输出：Iterator

Iterator 是最为常用的集合输出接口，在这个接口中一共定义了 3 种方法，但只有 2 种有真正用处，见表 5－13。

表 5－13　Iterator 接口常用的定义方法

方法	主要功能
public boolean hasNext()	判断是否有下一个元素
public E next()	取得下一个元素

但是如何取得 Iterator 接口的实例化对象呢？这一操作在 Collection 接口就已经明确定义了，因为 Collection 继承了一个 Iterator 接口，在这个接口下定义了一种方法：public Iterator<T> iterator()，取得 Iterator 接口的实例化对象。

【例 5-11】 通过案例掌握 Iterator 类的使用方法。

```
import java.util.HashSet;
import java.util.Iterator;
import java.util.Set;
import java.util.TreeSet;
public class Demo5_11 {
    public static void main(String[] args) {
        Set<String> set=new HashSet<String>() ;
        set.add("set");
        set.add("set");
        set.add("hashset");
        set.add("hash");
        set.add("HashSet");
        Iterator<String> iter = set.iterator();
    while (iter.hasNext()) {
            String str = iter.next() ;
            System.out.print(str + "、");
        }
        System.out.println();
        text();
    }
    public static void text(){
        Set<String> set = new TreeSet<String>();
        set.add("T");
        set.add("D");
        set.add("B");
```

```
        set.add("B");
        set.add("C");
        set.add("A");
        set.add("F");
        Iterator<String> iter = set.iterator();
        while (iter.hasNext()){
            String str = iter.next();
            System.out.print(str + "、");
        }
    }
}
```

程序运行的结果：

```
hashset、hash、set、HashSet、
A、B、C、D、F、T、
```

6. Map

Map 提供了一种映射关系，其中的元素是以键值对（key-value）的形式存储的，能够实现根据 key 快速查找 value；Map 中的 key 值对以 Entry 类型的对象实例形式存在；Map 中的 key 值不可重复，value 值可以重复，一个 value 值可以和很多 key 值形成对应关系，每个键最多只能映射到一个值。

Map 中的常用方法见表 5－14。

表 5－14　Map 中的常用方法

方法	主要功能
void clear()	从该地图中删除所有的映射（可选操作）
put(object key,object value)	如果之前没有关于该键的映射，则存储该键值对；如果之前已经有关于该键的映射，则使用新的值替换旧值
keySet()	返回 Map 中包含的键的 set 视图 set，可以理解为将 Map 中的所有键取出来以 set 形式存储
remove(Object key)	如果存在对应的键值对，则移除键值对
values()	返回 Map 所有的 value 组成的 collection

【例 5-12】　通过案例掌握 Map 类的使用方法。

```
import java.util.HashMap;
import java.util.Map;
public class Demo5_12 {
    public static void main(String[] args) throws Exception {
        Map<Integer, String> map = new HashMap<Integer, String>();
```

```
        map.put(1,"a");
        map.put(null,"空");
        map.put(2,"c");
        map.put(3,"d");
        System.out.println(map.get(1));
        map.put(1,"b");
        System.out.println(map.get(1));
        System.out.println(map.get(null));
    }
}
```

程序运行结果：

```
a
b
空
```

5.4 任务进阶

比较器

Comparable 是一个对象本身就已经支持自比较所需要实现的接口，如 String、Integer 自己就实现了 Comparable 接口，可完成比较大小操作。自定义类要在加入 List 容器中后才能够排序，也可以实现 Comparable 接口。在用 Collections 类的 sort 方法排序时，若不指定 Comparator，那就以自然顺序排序。所谓自然顺序就是实现 Comparable 接口设定的排序方式。

这个接口的定义为：

```
public interface Comparable<T> {
    public int compareTo(T o);
}
```

【例 5-13】 通过案例掌握 Comparable 接口的使用方法。

```
import java.util.Arrays;
class Person implements Comparable <Person> {
    private int id;
    private String name ;
    private int age ;
    public Person(int id,String name,int age) {
```

```
        this.id=id;
        this.name = name ;
        this.age = age ;
        }
        @Override
        public String toString() {
            return "Person [id="+id+"name=" + name + ", age=" + age + "]";
        }
        @Override
        public int compareTo(Person o) {
            int i=this.age-o.age;
            if (i==0) {
            return this.id-o.id;
        }
            return i;
        }
    }
    public class Demo5_13 {
    public static void main(String[] args) throws Exception {
            Person per[] = new Person[] { new Person(1," 张三 ", 18),
             new Person(2," 李四 ", 23),
             new Person(3," 王五 ", 26) ,new Person(4," 赵六 ", 23)};
            Arrays.sort(per) ; // 排序
             for(int i=0;i<per.length;i++){
                System.out.println(per[i]);
             }
        }
    }
```

程序运行的结果：

```
Person [id=1name=张三, age=18]
Person [id=2name=李四, age=23]
Person [id=4name=赵六, age=23]
Person [id=3name=王五, age=26]
```

5.5 任务总结

本章主要介绍了 Java 系统包中 String、StringBuffer、Math 等常用类的应用和 Collection、List 和 Set 集合接口的应用。Java 常用类是可以直接引用的，有助于 Java 程序员方便、快捷地开发 Java 程序。集合主要是用来储存 Java 数据的，不同的集合放不同类型的数据。

本章还介绍了几个主要的常用类：String 类，StringBuffer 类，Math 类，Random 类，Date 类，Vector 类以及比较类。集合类型主要有 3 种：Set（集）、List（列表）和 Map（映射）。

5.6 任务练习

1. 编写一个截取字符串的函数，输入为一个字符串和字节数，输出为按字节截取的字符串。但是要保证汉字不被截为半个，如 " 我 ABC"4，应该截为 " 我 AB"，输入 " 我 ABC 汉 DEF"，6，应该输出为 " 我 ABC" 而不是 " 我 ABC+ 汉的半个 "。

2. 使用 String 类的 public String toUpperCase() 方法可以将一个字符串中的小写字母变成大写字母；使用 public String toLowerCase() 方法可以将一个字符串中的大写字母变成小写字母。编写一个程序，使用这两个方法实现大小写的转换。

3. 使用 String 类的 public String concat(String str) 方法可以把调用该方法的字符串与参数指定的字符串连接，把 str 指定的串连接到当前串的尾部获得一个新的串。编写一个程序通过连接两个串得到一个新串，并输出这个新串。

4. String 类的 public char charAt(int index) 方法可以得到当前字符串 index 位置上的一个字符。编写程序使用该方法得到一个字符串中的第一个和最后一个字符。

5. 输出某年某月的日历页，通过 main 方法的参数将年份和月份时间传递到程序中。

6. Collection 接口的特点是元素是________；List 接口的特点是元素________(有 | 无）顺序，________(可以 | 不可以）重复；Set 接口的特点是元素________(有 | 无）顺序，________(可以 | 不可以）重复；Map 接口的特点是元素是________、value 映射________，其中________可以重复，________不可以重复。

7. 运用所学集合的知识，写出一个奥运会奖牌榜排序程序，具体要求如下。

（1）每个国家（地区）都分别拥有金牌、银牌、铜牌属性。

（2）对各个国家（地区）实现奖牌榜排序，排序规则为：先比较金牌，如果金牌数相同则比较银牌，如果银牌数相同则比较铜牌；如果铜牌数也相同，则比较国家（地区）的名字。

（3）打印输出奖牌榜。

8. 编写一个学生成绩管理程序。学生的属性包括学号、姓名、年龄等。每个学生要学习若干课程，每门课程有平时成绩、期中考试成绩、实习成绩、期末考试成绩以及总评成绩等，其中平时成绩的数目不定（因为不同课程的教师布置的平时作业数不同），而总评成绩是其他成绩的平均值。请先设计合理的对象容器类以存放这些信息，然后设计程序并完成以下功能：①列出某个学生的所有成绩；②列出某门课程每个学生的总评成绩，及所有学生总评成绩的总评分；③分区段统计某门课程的学生总评成绩，例如 60 分以下的学生人数，60 分至 70 分的学生人数等。

第 6 章

Java 图形用户界面编程

6.1 任务描述

本章学习 Java 图形用户界面，将具体介绍 AWT 抽象窗口工具包以及 AWT 的容器和组件；介绍窗体布局设计；介绍 Java Swing 窗体工具包（第二代 GUI 类库）；介绍图形用户界面的事件处理和事件适配器。

6.2 任务目的

- 掌握 AWT 抽象窗口工具的一些简单的使用方法
- 掌握窗体多种布局设计的简单方法
- 掌握 Swing GUI 工具包的使用方法
- 掌握图形用户界面事件处理的简单方法
- 理解事件适配器的原理以及简单的使用方法

6.3 任务相关知识

6.3.1 AWT

1. AWT 概述

AWT（Abstract Window Toolkit，抽象窗口工具包）是 API 为 Java 程序提供的用于创建 GUI（Graphics User Interface，图形用户界面）的工具集，该包包含了很多类和接口，用于 Java Application 的 GUI 编程。

使用 AWT 的类和接口一般在 java.awt 包及其子包中，AWT 包含两个核心类：Container（容器）和 Component（组件）。Component 类的层次结构如图 6－1 所示。

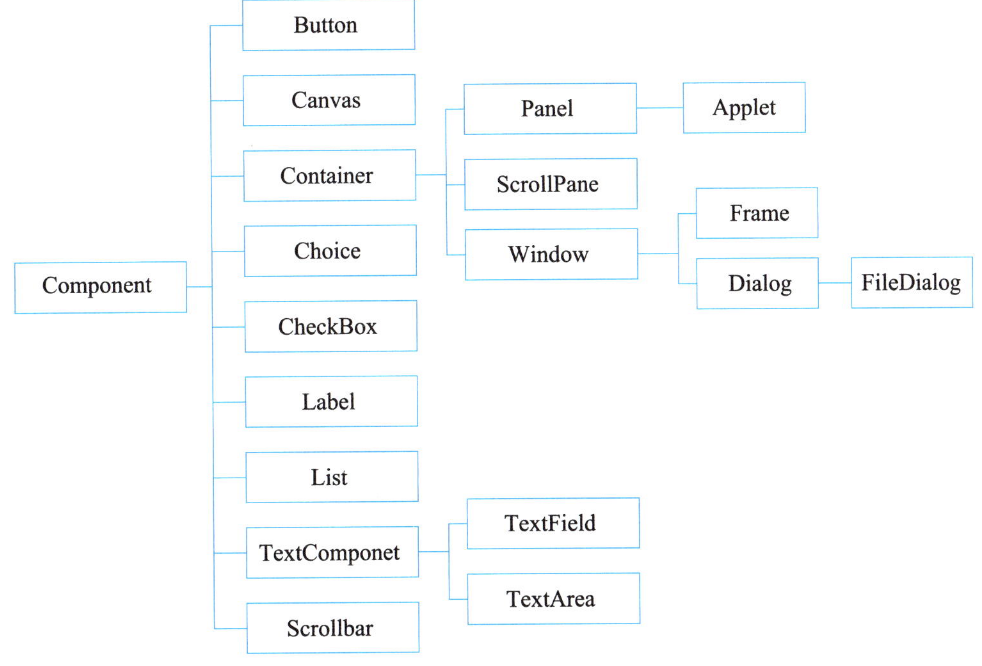

图 6－1　Component 类的层次结构图

2. 容器和组件

容器（Container）是用来组织和容纳其他界面成分和元素的组件，Java 提供了相应的容器类，例如框架（JFrmae/Frame）、面板（JPanel/Panel）等类。

组件（Component）是图形用户界面的基本单位，里面不再包含其他成分。组件是一个可以以图形化的方式显示在屏幕上并能与用户进行交互的对象，例如一个按钮、一个标签等。组件不能独立显示出来，必须将组件放在一定的容器中才可以显示出来。

以下是两种常用的 Container。

Window：其对象表示自由停泊的顶级窗口。

Panel：其对象可作为容纳其他 Component 的对象，不能独立存在，必须被添加到其他 Container 中（如 Window 或 Applet）。

（1）Frame 类。

Frame 类是 Window 的子类，由 Frame 或其子类创建的对象为一个窗体。

1）Frame 类的常用构造方法（见表 6－1）。

表 6－1　Frame 类的常用构造方法

构造方法	主要功能
Frame()	构造一个最初不可见的 Frame 新实例
Frame(String title)	构造一个新的、最初不可见的、具有指定标题的 Frame 对象

2）Frame 类的常用方法（见表 6－2）。

表 6－2　Frame 类的常用方法

方法	主要功能
public void setBounds(int x,int y,int width,int height)	设置窗体的位置和大小。由 x 和 y 指定窗体左上角的相对于父窗体的位置，由 width 和 height 指定窗体的大小
public void setSize(int width,int height)	设置窗体的大小
public void setLocation(int x,int y)	设置窗体的位置
public void setTitle(Stringtitle)	设置窗体的标题
public void setBackground(Colorc)	设置窗体的背景颜色
public void setResizable(boolean resizable)	设置此窗体是否可由用户调整大小，如果此窗体是可调整大小的，则为 true；否则为 false
public void setVisible(boolean b)	根据参数 b 的值显示或隐藏此窗体

【例 6-1】 使用 Frame 完成基本窗口的显示。

```
import java.awt.Color;
import java.awt.Frame;
public class Demo6_01 {
    public static void main( String args[]) {
        Frame f = new Frame("My First TestFrame");
        f.setLocation(300, 300);
        f.setSize( 170,100);
        f.setBackground(Color.blue);
        f.setResizable(false);
        f.setVisible( true);
    }
}
```

程序运行的结果：

该窗体左上角的位置离它的父窗体左边、上边的坐标点是（300，300）。

【例 6-2】 使用 Frame 显示多个不同背景颜色的窗体。

```
import java.awt.Color;
import java.awt.Frame;
class MultiFrame extends Frame{
```

```
        static int id = 0;
        MultiFrame(int x,int y,int w,int h,Color color){
        super("MultiFrame " + (++id));
        setBackground(color);
        setLayout(null);
        setBounds(x,y,w,h);
        setVisible(true);
    }
}
public class Demo6_02 {
    public static void main(String args[]) {
        MultiFrame frame1 =new MultiFrame(100,100,200,200,Color.MAGENTA);
        MultiFrame frame2=new MultiFrame(300,100,200,200,Color.GREEN);
        MultiFrame frame3 =new MultiFrame(100,300,200,200,Color.YELLOW);
        MultiFrame frame4 =new MultiFrame(300,300,200,200,Color.BLUE);
    }
}
```

程序运行的结果：

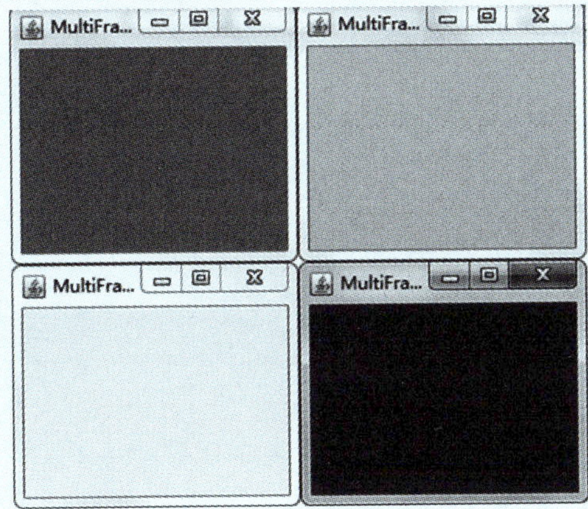

（2）Panel 类。

Panel 类是 Container 的子类，Panel 对象可以被看成可容纳 Component 的空间。

1）Panel 类的常用构造方法（见表 6－3）。

表 6－3　Panel 类的常用构造方法

构造方法	主要功能
Panel()	使用默认的布局管理器创建新面板
Panel(LayoutManager layout)	创建具有指定布局管理器的新面板

2）Panel 类的常用方法（从父类继承过来的方法）(见表 6－4）。

表 6－4　Panel 类的常用方法

方法	主要功能
public void setBounds(int x,int y,int width,int height)	设置 Panel 的位置和大小。由 x 和 y 指定窗体左上角的相对于父窗体的位置，由 width 和 height 指定窗体的大小
public void setSize(int width,int height)	设置 Panel 的大小
public void setLocation(int x,int y)	设置 Panel 的位置
public void setBackground(Colorc)	设置 Panel 的背景颜色
public void setLayout(LayoutManagermgr)	设置 Panel 的布局管理器

【例 6-3】 通过案例掌握 Panel 的基础用法。

```
import java.awt.Color;
import java.awt.Frame;
import java.awt.Panel;
public class Demo6_03 {
    public static void main(String args[]) {
        Frame f =new Frame("Java Frame with Panel");
        Panel p =new Panel(null);
        f.setLayout(null);
        f.setBounds(300,300,500,500);
        f.setBackground(new Color(0,0,102));
        p.setBounds(50,50,400,400);
        p.setBackground(new Color(204,204,255));
        f.add(p);
        f.setVisible(true);
    }
}
```

程序运行的结果：

【例 6-4】 显示多个不同背景颜色的 Panel。

```
import java.awt.Color;
import java.awt.Frame;
import java.awt.Panel;
class MultiPanel extends Frame{
    private Panel p1,p2,p3,p4;
    MultiPanel(String s,int x,int y,int w,int h){
     super(s);
     setLayout(null);
     p1 = new Panel(null); p2 = new Panel(null);
     p3 = new Panel(null); p4 = new Panel(null);
     p1.setBounds(0,0,w/2,h/2);
     p2.setBounds(0,h/2,w/2,h/2);
     p3.setBounds(w/2,0,w/2,h/2);
     p4.setBounds(w/2,h/2,w/2,h/2);
     p1.setBackground(Color.BLACK);
     p2.setBackground(Color.BLUE);
     p3.setBackground(Color.YELLOW);
     p4.setBackground(Color.RED);
     add(p1);add(p2);add(p3);add(p4);
     setBounds(x,y,w,h);
     setVisible(true);
   }
}
public class Demo6_04 {
   public static void main(String args[]) {
      new MultiPanel("FrameWithMultiPanel",200,200,300,200);
    }
}
```

程序运行的结果：

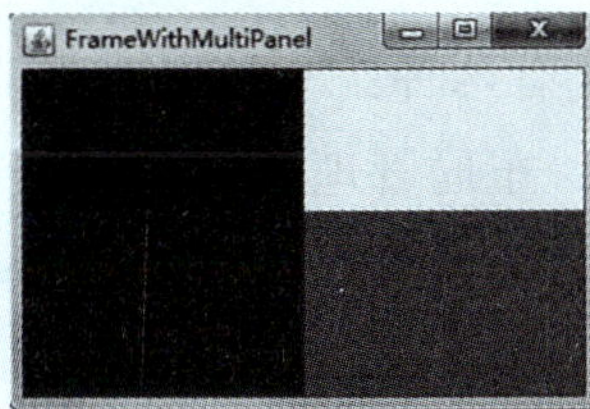

【例 6-5】 通过案例掌握 Frame 和 Panel 的使用方法，Panel 显示在 Frame 中间且占 Frame 大小的一半。

```
import java.awt.Color;
import java.awt.Frame;
import java.awt.Panel;
class FrameWithPanel extends Frame{
    private Panel p;
    FrameWithPanel(int x,int y,int w,int h,Color c){
        super("FrameWithPanel");
        setLayout(null);
        setBounds(x,y,w,h);
        setBackground(c);
        p = new Panel(null);
        p.setBounds(w/4,h/4,w/2,h/2);
        p.setBackground(Color.RED);
        add(p);
        setVisible(true);
    }
}
public class Demo6_05 {
    public static void main(String args[]) {
        new FrameWithPanel(200,200,300,200,Color.BLUE);
    }
}
```

程序运行结果：

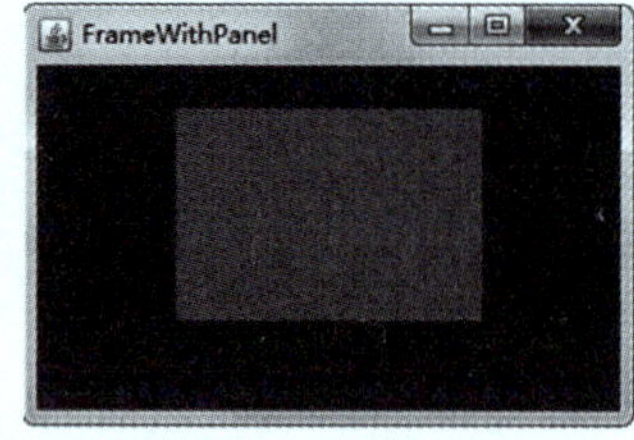

6.3.2 布局设计

Container 可以存放组件，一般情况下，组件的排列方式有两种：一种是人工排列；另一种是利用 Java 提供的布局管理器对这些组件进行排列。布局管理器可直接设置这些组件的位置、大小和排列顺序，不同的布局管理器采用不同的算法和策略。Java 提供的布局管理器主要有 5 种：FlowLayout、BorderLayout、GridLayout、CardLayout 和 GridBagLayout。下面仅介绍前面 4 种较常用的布局管理器。

1. FlowLayout 布局

FlowLayout 布局是 Panel、Applet 的默认布局，该布局对组件从上到下、从左到右进行布置，一行排满后换行；不改变组件的大小，按组件的原有尺寸显示组件，可设置不同组件的间距、行距以及对齐方式。FlowLayout 默认的对齐方式是居中对齐。

FlowLayout 的构造方法见表 6-5。

表 6-5　FlowLayout 的构造方法

构造方法	主要功能
FlowLayout()	构造一个新的 FlowLayout，它是居中对齐的，默认的水平和垂直间隙是 5 个单位
FlowLayout(int align)	构造一个新的 FlowLayout，它具有指定的对齐方式，默认的水平和垂直间隙是 5 个单位
FlowLayout(int align, int hgap, int vgap)	创建一个新的布局管理器，它具有指定的对齐方式以及指定的水平和垂直间隙

【例 6-6】 通过案例掌握 FlowLayout 布局管理器的使用方法。

```
import java.awt.Button;
import java.awt.FlowLayout;
import java.awt.Frame;
public class Demo6_06 {
    public static void main(String args[]) {
            Frame f = new Frame("Flow Layout");
            Button Open = new Button("Open");
            Button Continue = new Button("Continue");
            Button Close = new Button("Close");
            Button Exit = new Button("Exit");
            f.setLayout(new FlowLayout(FlowLayout.LEFT));
            f.add(Open);
            f.add(Continue);
            f.add(Close);
            f.add(Exit);
            f.setSize(100,100);
            f.setVisible(true);
    }
}
```

程序运行的结果：

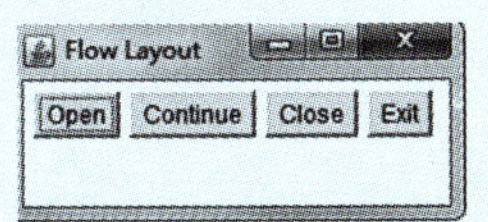

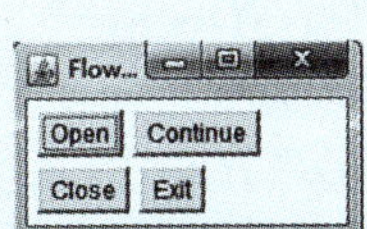

如果改变 Frame 的大小，Frame 中的组件的布局也会随之改变。

2. BorderLayout 布局

BorderLayout 是 Window 类及其子类的默认布局管理器，它将容器分为 5 个部分，分别命名为 EAST、WEST、SOUTH、NORTH 和 CENTER。每个部分只能放一个组件，如果希望在某个部分放置多个组件，可以先放一个容器对象，然后在容器里面放置多个组件和容器。

BorderLayout 类的构造方法见表 6－6。

表 6－6　BorderLayout 类的构造方法

构造方法	主要功能
BorderLayout()	构造一个组件之间没有间距的新边框布局
BorderLayout(int hgap, int vgap)	构造一个具有指定组件间距的边框布局

（1）如不指定组件的加入部位，则默认加入 CENTER 区。每个区域只能加入一个组件，如加入多个，则先前加入的会被覆盖。

（2）BorderLayout 型布局容器尺寸缩放原则如下：

1）北、南两个区域在水平方向缩放。

2）东、西两个区域在垂直方向缩放。

3）中部区域可在两个方向上都缩放。

【例 6-7】 通过案例掌握 BorderLayout 布局管理器的使用方法。

```
import java.awt.BorderLayout;
import java.awt.Button;
import java.awt.Frame;
public class Demo6_07 {
    public static void main(String args[]) {
        Frame borderLayoutFrame;
        borderLayoutFrame = new Frame("BorderLayout");
        Button EAST = new Button("EAST");
        Button SOUTH = new Button("SOUTH");
        Button WEST = new Button("WEST");
        Button NORTH = new Button("NORTH");
        Button CENTER = new Button("CENTER");
        borderLayoutFrame.add(EAST, BorderLayout.EAST);
        borderLayoutFrame.add(SOUTH, BorderLayout.SOUTH);
        borderLayoutFrame.add(WEST, BorderLayout.WEST);
        borderLayoutFrame.add(NORTH, BorderLayout.NORTH);
        borderLayoutFrame.add(CENTER, BorderLayout.CENTER);
        borderLayoutFrame.setSize(200,200);
```

```
        borderLayoutFrame.setVisible(true);
    }
}
```

程序运行的结果：

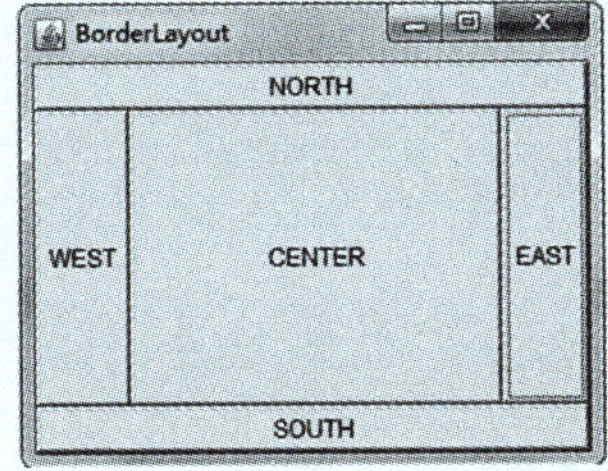

3. GridLayout 布局

GridLayout 布局管理器可将空间划分成规则的矩形网格，每个单元格区域大小相等。组件被添加到每个单元格中，先从左到右填满一行，然后换行，再从上到下。

GridLayout 类的构造方法见表 6－7。

表 6－7　GridLayout 类的构造方法

构造方法	主要功能
GridLayout()	创建具有默认值的网格布局，即每个组件占据一行一列
GridLayout(int rows, int cols)	创建具有指定行数和列数的网格布局
GridLayout(int rows, int cols, int hgap, int vgap)	创建具有指定行数和列数的网格布局

【例 6-8】 通过案例掌握 GridLayout 布局管理器的使用方法。

```
import java.awt.*;
public class Demo6_08 {
    public static void main(String args[]) {
        Frame frame = new Frame("GridLayout");
        Button btn1 = new Button("btn1");
        Button btn2 = new Button("btn2");
        Button btn3 = new Button("btn3");
        Button btn4 = new Button("btn4");
        Button btn5 = new Button("btn5");
        Button btn6 = new Button("btn6");
        frame.setLayout (new GridLayout(2,3));
        frame.add(btn1);
        frame.add(btn2);
        frame.add(btn3);
```

```
            frame.add(btn4);
            frame.add(btn5);
            frame.add(btn6);
            frame.pack();
            frame.setSize(300,150);
            frame.setVisible(true);
        }
    }
```

程序运行的结果：

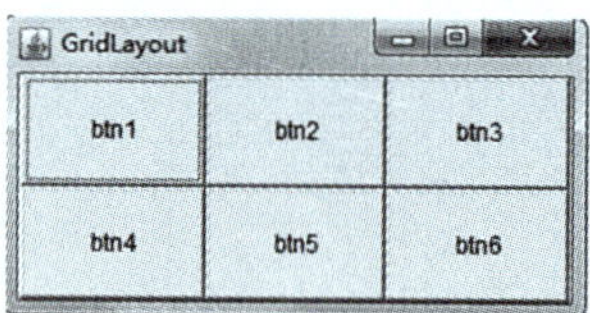

4. CardLayout 布局

CardLayout 类的常用方法见表 6－8。

表 6－8　CardLayout 类的常用方法

方法	主要功能
public CardLayout()	创建一个间距大小为 0 的新卡片布局
public CardLayout(int h,int v)	创建一个具有指定水平间距和垂直间距的新卡片布局。水平间距置于左右边缘，垂直间距置于上下边缘
public void first(Container p)	翻转到容器的第一张卡片
public void last(Contain p)	翻转到容器的最后一张卡片
public void next(Contain p)	翻转到指定容器的下一张卡片
public void previous(Containp)	翻转到指定容器的前一张卡片
public void show(Contain p,String name)	翻转到使用 addLayoutComponent 添加到此布局的具有指定 name 的组件

【例 6-9】 通过案例掌握 CardLayout 的布局。

```
import java.awt.BorderLayout;
import java.awt.CardLayout;
import java.awt.Color;
import java.awt.Insets;
import java.awt.event.ActionEvent;
import java.awt.event.ActionListener;
import javax.swing.JButton;
import javax.swing.JFrame;
import javax.swing.JLabel;
```

```
import javax.swing.JPanel;
public class Demo6_09 extends JFrame {
    private JPanel pane = null;
    private JPanel p = null;
    private CardLayout card = null;
    private JButton button_1 = null;
    private JButton button_2 = null;
    private JButton b_1 = null, b_2 = null, b_3 = null;
    private JPanel p_1 = null, p_2 = null, p_3 = null;
    public Demo6_09() {
        super("CardLayout Test");
        card = new CardLayout(5, 5);
        pane = new JPanel(card);
        p = new JPanel();
        button_1 = new JButton("< 上一步 ");
        button_2 = new JButton(" 下一步 >");
        b_1 = new JButton("1");
        b_2 = new JButton("2");
        b_3 = new JButton("3");
        b_1.setMargin(new Insets(2, 2, 2, 2));
        b_2.setMargin(new Insets(2, 2, 2, 2));
        b_3.setMargin(new Insets(2, 2, 2, 2));
        p.add(button_1);
        p.add(b_1);
        p.add(b_2);
        p.add(b_3);
        p.add(button_2);
        p_1 = new JPanel();
        p_2 = new JPanel();
        p_3 = new JPanel();
        p_1.setBackground(Color. GREEN);
        p_2.setBackground(Color.BLUE);
        p_3.setBackground(Color. RED);
        p_1.add(new JLabel("JPanel_1"));
        p_2.add(new JLabel("JPanel_2"));
        p_3.add(new JLabel("JPanel_3"));
        pane.add(p_1, "p1");
        pane.add(p_2, "p2");
        pane.add(p_3, "p3");
        button_1.addActionListener(new ActionListener() {    // 上一步的按钮动作
```

```
            public void actionPerformed(ActionEvent e) {
                card.previous(pane);
            }
        });
        button_2.addActionListener(new ActionListener() {    // 下一步的按钮动作
            public void actionPerformed(ActionEvent e) {
                card.next(pane);
            }
        });
        b_1.addActionListener(new ActionListener() {         // 直接翻转到 p_1
            public void actionPerformed(ActionEvent e) {
                card.show(pane, "p1");
            }
        });
        b_2.addActionListener(new ActionListener() {         // 直接翻转到 p_2
            public void actionPerformed(ActionEvent e) {
                card.show(pane, "p2");
            }
        });
        b_3.addActionListener(new ActionListener() {         // 直接翻转到 p_3
            public void actionPerformed(ActionEvent e) {
                card.show(pane, "p3");
            }
        });
        this.getContentPane().add(pane);
        this.getContentPane().add(p, BorderLayout.SOUTH);
        this.setDefaultCloseOperation(JFrame.EXIT_ON_CLOSE);
        this.setSize(300, 200);
        this.setVisible(true);
    }
    public static void main(String[] args) {
        new Demo6_09();
    }
}
```

程序运行的结果：

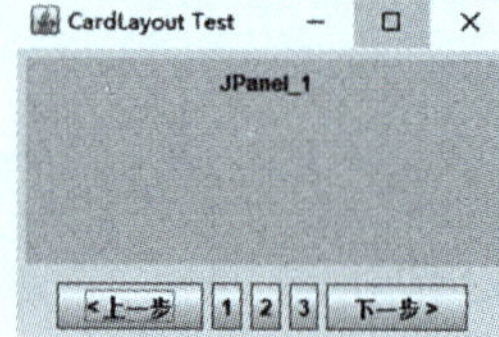

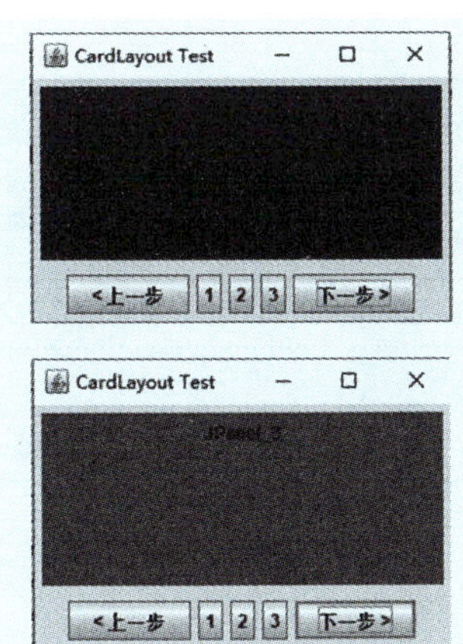

按“下一步”,“上一步”,“1”,“2”,“3”切换界面。

6.3.3 Swing

1. 概述

Java Swing 是 JDK 1.2 以后的版本引入的第二代 GUI 类库，具有更好的可移植性，提供了更完整的组件，增加了许多功能和特性。Swing 可以扩展和简化跨平台应用程序的开发。Swing 系列由 17 个包组成，每个包都有其独特的用途。

Swing 的特点如下：

(1) 纯 JAVA 实现轻量级，不依赖操作系统，具有更好的跨平台性。

(2) 采用 MVC 设计思想。

(3) 采用插入式外观，在同一平台可有不同的外观展示。

(4) 建立在 AWT 基础之上，不能完全舍弃 AWT。

2. Swing 基本组件

组件分为容器类和非容器类。容器类是指能放入其他组件的组件；而非容器类是指 JButton Label 等。容器类又分为顶层容器和非顶层容器。顶层容器是指有独立窗口的，如 Window，而 Window 最常用的子类是 JFrame 和 JDialog。

顶层容器可以独立存在，包括 JFrame、JDialog、JApplet、JWindow（JDialog 不可以独立存在）。

JFrame 是大多数应用程序的基本窗口，有边框、标题和按钮，允许程序员把其他组件添加到其内部，并把它们组织起来呈现给用户。

中间容器不能独立存在，必须放在顶层容器内，且能够容纳其他控件，包括 JPanel、JScrollPane、JToolBar、JSplitPane、JTabbedPane，主要的中间容器及功能见表 6-9。用法都是调出对应的面板，向其中添加组件，然后放到 JFrame 中即可，这里不再一一做截图。

表 6－9　主要的中间容器及功能

方法	主要功能
JPanel	最普通的面板，没有特殊功能，主要用来容纳其他控件
JScrollPane	滚动面板，即带有长宽滚动条，主要用来容纳大型控件
JToolBar	工具栏面板，包含图标按钮，可以在程序的主窗口之外浮动或是拖曳
JSplitPane	分割式面板
JTabbedPane	选项卡面板

【例 6-10】 通过案例掌握 JComboBox 类。

```
import java.awt.Container;
import java.awt.Dimension;
import java.awt.FlowLayout;
import javax.swing.AbstractListModel;
import javax.swing.ComboBoxModel;
import javax.swing.JComboBox;
import javax.swing.JFrame;
import javax.swing.JLabel;
import javax.swing.WindowConstants;

publicclass Demo6_10 {
    publicstaticvoid main(String[] args) {
        new JComboBoxDemo();
    }
}
class JComboBoxDemo extendsJFrame {
    JComboBox jc = new JComboBox(new ComboBoxDemo());
    JLabel jl = new JLabel(" 您最喜欢的图书类型 :");
    public JComboBoxDemo() {
        setSize(new Dimension(250, 350));
        setVisible(true);
        setTitle(" 下拉列表框案例 ");
        setDefaultCloseOperation(WindowConstants.DISPOSE_ON_CLOSE);
        Container cp = getContentPane();
        cp.setLayout(new FlowLayout());
        cp.add(jl);
        cp.add(jc);
    }
}
class ComboBoxDemo extends AbstractListModel implements ComboBoxModel {
```

```
    String selecteditem = null;
    String[] test = { " 文学 ", " 政治 ", " 经济 ", " 科技 "," 医学 " };
    public Object getElementAt( int index) {
        return test[index];
    }
    publicint getSize() {
        return test.length;
    }
    publicvoid setSelectedItem(Object item) {
        selecteditem = (String) item;
    }
    public Object getSelectedItem() {
        return selecteditem;
    }
    publicint getIndex() {
        for ( int i = 0; i <test.length; i++) {
            if (test[i].equals(getSelectedItem()))
                return i;
            break;
        }
        return 0;
    }
}
```

程序运行的结果：

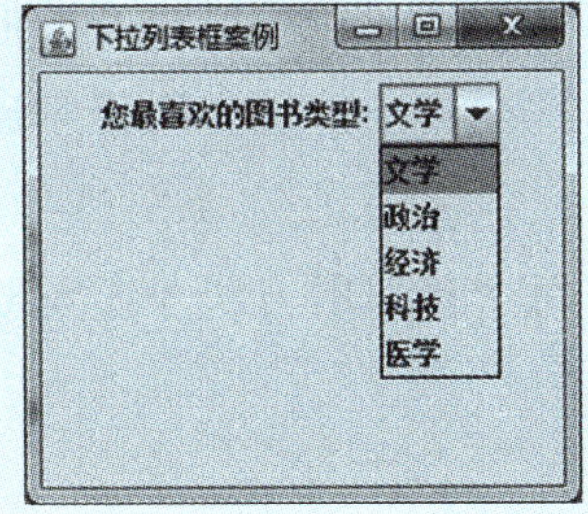

6.3.4 事件处理

图形界面上的事件是指在某个组件上发生用户操作。例如，用户单击了界面上的某个按钮，则称在这个按钮上发生了事件，这个按钮对象就是事件的激发者。对事件进行监听的对象称为监听器，监听器提供响应事件的处理方法。为了让监听器与事件对象关联起来，需要对事件对象进行监听器注册，告诉系统事件对象的监视器。

整个处理过程：事件源可以注册事件监听器对象，并可以向事件监听器对象发送事件对象；事件发生后，事件源将事件对象发给已经注册的所有事件监听器；监听器对象随后会根据事件对象内的相应方法响应这个事件。

Java 事件处理三要素如下：

（1）事件源（Event Source）：事件发生的场所，就是指各个组件，如按钮等，单击按钮其实就是组件上发生的一个事件。

（2）事件（Event）：事件封装了组件上发生的事情，比如按钮单击、按钮松开等。

（3）事件监听器（Event Listener）：负责监听事件源上发生的特定类型的事件，当事件到来时还必须负责处理相应的事件。

1. 事件处理机制

在 Java 语言中，为了便于系统管理事件，也为了便于程序进行监听器注册，系统将事件进行了分类，称为事件类型。系统为每个事件类型提供一个接口。要作为监听器对象的类必须实现相应的接口，提供接口规定的响应事件的方法。以程序响应按钮事件为例，JButton 类对象 button 可以是一个事件的激发者。当用户单击界面中与 button 对应的按钮时，button 对象就会产生一个 ActionEvent 类型的事件。如果监听器对象是 obj，对象 obj 的类是 Obj，则类 Obj 必须实现 AWT 中的 ActionListener 接口，实现监听按钮事件的 actionPerformed 方法。button 对象必须用 addActionListener 方法注册它的监听器 obj。程序运行时，当用户单击 button 对象对应的按钮时，系统就将一个 ActionEvent 对象从事件激发对象传递到监听器。ActionEvent 对象包含的信息包括事件发生在哪一个按钮，以及有关该事件的其他信息。实际事件发生时，通常会产生一系列的事件，例如，用户单击按钮会产生 ChangeEvent 事件，提示光标到了按钮上，接着又是一个 ChangeEvent 事件，表示鼠标被按下，然后是 ActionEvent 事件，表示鼠标已松开，但光标依旧在按钮上，最后是 ChangeEvent 事件，表示光标已离开按钮。但是应用程序通常只处理按下按钮的完整动作的单个 ActionEvent 事件。

每个事件类型都有一个相应的监听器接口，下面列出了每个接口的方法。实现监听器接口的类必须实现所有定义在接口中的方法。

2. 外部类实现监听

【例 6-11】 通过案例掌握外部类实现监听。

```
import java.awt.*;
import java.awt.event.*;
import javax.swing.*;
public class Demo6_11 extends JFrame {
    JButton button1, button2;
    JPanel pane1, pane2, p1, p2;
```

```
    CardLayout card1 = new CardLayout();
    Demo6_11() {
        this.setTitle(" 外部类实现事件监听 ");
        this.setBounds(200, 200, 300, 200);
        this.setDefaultCloseOperation(JFrame.EXIT_ON_CLOSE);
        this.setVisible(true);
        init();
    }
    public void init() {
        p1 = new JPanel();
        p1.add(new JLabel(" 第一个面板 "));
        p1.setBackground(Color.red);
        p2 = new JPanel();
        p2.add(new JLabel(" 第二个面板 "));
        p2.setBackground(Color.green);
        pane1 = new JPanel(card1);
        pane1.add(" 红色 ", p1);
        pane1.add(" 绿色 ", p2);
        button1 = new JButton(" 红色 ");
        button2 = new JButton(" 绿色 ");
        pane2 = new JPanel();
        pane2.add(button1);
        pane2.add(button2);
        this.add(pane1, BorderLayout.CENTER);
        this.add(pane2, BorderLayout.SOUTH);
        button1.addActionListener(new ColorEvent(card1, pane1));
        button2.addActionListener(new ColorEvent(card1, pane1));
    }
    public static void main(String[] args) {
        new Demo6_11();
    }
}
class ColorEvent implements ActionListener {
    CardLayout card1 = new CardLayout();
    JPanel pane1 = new JPanel();
    ColorEvent(CardLayout card1, JPanel pane1) {
        this.card1 = card1;
        this.pane1 = pane1;
    }
    public void actionPerformed(ActionEvent e) {
```

```
        if (e.getActionCommand().equals(" 红色 ")) {
            card1.show(pane1, " 红色 ");
        } elseif (e.getActionCommand().equals(" 绿色 ")) {
            card1.show(pane1, " 绿色 ");
        }
    }
}
```

程序运行的结果：

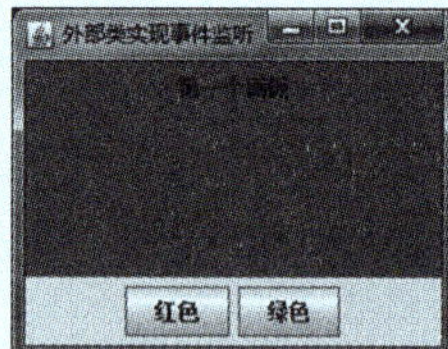

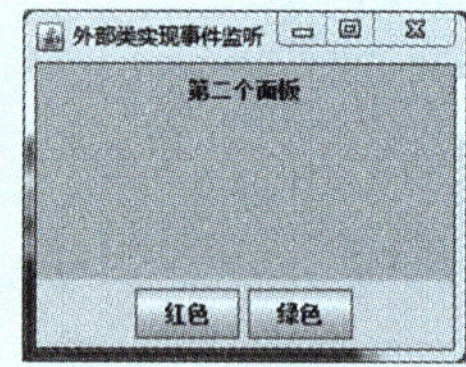

3. 类本身实现监听

【例 6-12】 通过案例掌握类本身实现监听。

```
import java.awt.*;
import java.awt.event.*;
import javax.swing.*;
public class Demo6_12 extends JFrame implements ActionListener {
    JButton button1,button2;
    JPanel pane1,pane2,p1,p2;
    CardLayout card1=new CardLayout();
    Demo6_12(){
        this.setTitle(" 自身类实现事件监听 ");
        this.setBounds(200,200,300,200);
        this.setDefaultCloseOperation(JFrame.EXIT_ON_CLOSE);
        this.setVisible(true);
        init();
    }
    public void init(){
        p1=new JPanel();
        p1.add(new JLabel(" 第一个面板 "));
        p1.setBackground(Color.red);
        p2=new JPanel();
        p2.add(new JLabel(" 第二个面板 "));
        p2.setBackground(Color.green);
        pane1=new JPanel(card1);
```

```
        pane1.add(" 红色 ",p1);
        pane1.add(" 绿色 ",p2);
        button1=new JButton(" 红色 ");
        button2=new JButton(" 绿色 ");
        pane2=new JPanel();
        pane2.add(button1);
        pane2.add(button2);
        this.add(pane1,BorderLayout.CENTER);
        this.add(pane2,BorderLayout.SOUTH);
        button1.addActionListener(new ColorEvent(card1,pane1));
        button2.addActionListener(new ColorEvent(card1,pane1));
    }
    public void actionPerformed(ActionEvent e) {
        if(e.getActionCommand().equals(" 红色 ")){
            card1.show(pane1, " 红色 ");
        }
        elseif(e.getActionCommand().equals(" 绿色 ")){
            card1.show(pane1," 绿色 ");
    }
    }
    public static void main(String[] args) {
        new Demo6_12();
    }
}
```

程序运行的结果：运行结果与上一个案例相同

4. 内部类实现监听

【例 6-13】 通过案例掌握内部类实现监听。

```
import java.awt.*;
import java.awt.event.*;
import javax.swing.*;
public class Demo6_13 extends JFrame{
    JButton button1,button2;
    JPanel pane1,pane2,p1,p2;
    CardLayout card1=new CardLayout();
    Demo6_13(){
        this.setTitle(" 内部类实现事件监听 "); this.setBounds(200,200,300,200);
        this.setDefaultCloseOperation(JFrame.EXIT_ON_CLOSE);
        this.setVisible(true);
```

```
        init();
    }
    public void init(){
        p1=new JPanel();
        p1.add(new JLabel(" 第一个面板 "));
        p1.setBackground(Color.red);
        p2=new JPanel();
        p2.add(new JLabel(" 第二个面板 "));
        p2.setBackground(Color.green);
        pane1=new JPanel(card1);
        pane1.add(" 红色 ",p1);
        pane1.add(" 绿色 ",p2);
        button1=new JButton(" 红色 ");
        button2=new JButton(" 绿色 ");
        pane2=new JPanel();
        pane2.add(button1);
        pane2.add(button2);
        this.add(pane1,BorderLayout.CENTER);
        this.add(pane2,BorderLayout.SOUTH);
        button1.addActionListener(new ColorEventDemo(card1,pane1));
        button2.addActionListener(new ColorEventDemo(card1,pane1));
    }
}
class ColorEventDemo implements ActionListener{
    CardLayout card1=new CardLayout();
    JPanel pane1=new JPanel();
    ColorEventDemo(CardLayout card1,JPanel pane1){
        this.card1=card1;
        this.pane1=pane1;
    }
    public static void main(String[] args) {
        new Demo6_13();
    }
    public void actionPerformed(ActionEvent e) {
        if(e.getActionCommand().equals(" 红色 ")){
            card1.show(pane1, " 红色 ");
        }
        elseif(e.getActionCommand().equals(" 绿色 ")){
            card1.show(pane1," 绿色 ");
        }
```

```
    }
}
```

程序运行的结果：运行结果与上一个案例相同

5. 匿名内部类实现监听

【例 6-14】 通过案例掌握匿名内部类实现监听。

```
import java.awt.*;
import java.awt.event.*;
import javax.swing.*;
public class Demo6_14 extends JFrame{
    JButton button1,button2;
    JPanel pane1,pane2,p1,p2;
    CardLayout card1=new CardLayout();
    Demo6_14(){
        this.setTitle(" 匿名内部类实现事件监听 ");
        this.setBounds(200,200,300,200);
        this.setDefaultCloseOperation(JFrame.EXIT_ON_CLOSE);
        this.setVisible(true);
        init();
}
    public void init(){
        p1=new JPanel();
        p1.add(new JLabel(" 第一个面板 "));
        p1.setBackground(Color.red);
        p2=new JPanel();
        p2.add(new JLabel(" 第二个面板 "));
        p2.setBackground(Color.green);
        pane1=new JPanel(card1);
        pane1.add(" 红色 ",p1);
        pane1.add(" 绿色 ",p2);
        button1=new JButton(" 红色 ");
        button2=new JButton(" 绿色 ");
        pane2=new JPanel();
        pane2.add(button1);
        pane2.add(button2);
        this.add(pane1,BorderLayout.CENTER);
        this.add(pane2,BorderLayout.SOUTH);
        button1.addActionListener(new ActionListener(){
            public void actionPerformed(ActionEvent arg0) {
```

```
            card1.show(pane1, " 红色 ");
        }
    });
    button2.addActionListener(new ActionListener(){
        public void actionPerformed(ActionEvent arg0) {
            card1.show(pane1, " 绿色 ");
        }
    });
  }
  public static void main(String[] args) {
     new Demo6_14();
  }
}
```

程序运行的结果：运行结果与上一个案例相同。

6. 键盘、鼠标事件

（1）键盘事件。

键盘事件的事件源一般与该组件相关，当一个组件处于激活状态时，按下、释放或敲击键盘上的某个键时就会发生键盘事件。键盘事件的接口是 KeyListener，注册键盘事件监听器的方法是 addKeyListener（监听器）。KeyListener 接口有 3 种实现方法，见表 6 - 10。

表 6 - 10　KeyListener 接口方法

方法	主要功能
keyPressed(KeyEvent e)	按下某个键时调用此方法
keyReleased(KeyEvent e)	释放某个键时调用此方法
keyTyped(KeyEvent e)	键入某个键时调用此方法

【例 6-15】 通过案例掌握键盘事件。

```
import java.awt.*;
import java.awt.event.*;
import javax.swing.JFrame;
public class Demo6_15 extends JFrame implements KeyListener{
    TextArea text1 = new TextArea(5,20);
    TextArea text2 = new TextArea(5,20);
    public Demo6_15(String title)  {
        super(title);
        setLocation(200, 300);
```

```
        setLayout(new GridLayout(2,1));
        setSize(300,400);
        text1.addKeyListener(this);
        add(text1);
        add(text2);
        this.setVisible(true);
    }
    public void keyPressed(KeyEvent e){
    }
    public void keyTyped(KeyEvent e){
        text2.setText(text1.getText());
    }
    public void keyReleased(KeyEvent e){}
    public static void main(String[] args) {
        Demo6_15demo15=new Demo6_15(" 键盘事件 ");
    }
}
```

程序运行的结果：

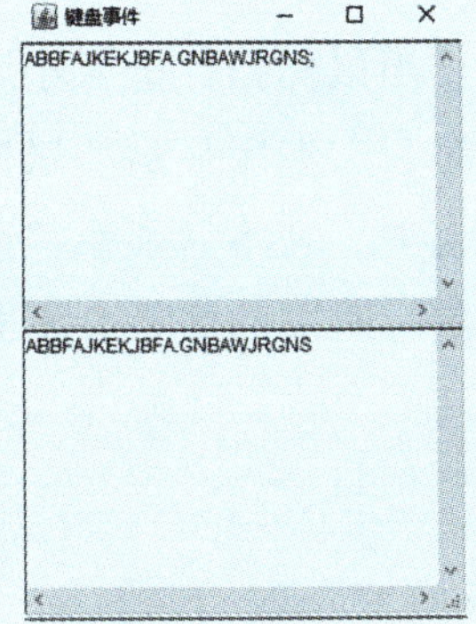

（2）鼠标事件。

鼠标事件的事件源往往与容器相关，当鼠标进入容器、离开容器，或者在容器中单击鼠标、拖动鼠标时都会发生鼠标事件。Java 语言为处理鼠标事件提供两个接口：MouseListener 接口和 MouseMotionListener 接口。这里主要讲一下 MouseListener 接口。

MouseListener 接口能处理 5 种鼠标事件：按下鼠标、释放鼠标、点击鼠标、鼠标进入和鼠标退出。相应的实现方法见表 6－11。

表 6－11　MouseListener 接口方法

方法	主要功能
mousePressed(MouseEvent e)	在组件上按下鼠标按键时调用

续表

方法	主要功能
mouseReleased(MouseEvent e)	在组件上释放鼠标按键时调用
mouseEntered(MouseEvent e)	当鼠标指针进入组件时调用
mouseExited(MouseEvent e)	当鼠标指针退出组件时调用
mouseClicked(MouseEvent e)	在组件上单击（按下并释放）鼠标按键时调用

实现 MouseListener 接口就要实现以上的 5 种方法，而每一种方法都有参数 MouseEvent，通过这个参数获取鼠标的当前信息。MouseEvent 的常用方法见表 6－12。

表 6－12　MouseEvent 的常用方法

方法	主要功能
int getX()	鼠标的 *X* 坐标
int getY()	鼠标的 *Y* 坐标
getClickCount()	鼠标被点击的次数
getSource()	获取发生鼠标的事件源

【例 6-16】 通过案例掌握鼠标事件。

小应用程序设置了一个文本区，用于记录一系列鼠标事件。当鼠标指针进入小应用程序窗口时，文本区显示“鼠标进来”；当鼠标指针离开窗口时，文本区显示“鼠标走开”；当鼠标被按下时，文本区显示“鼠标按下”，当鼠标被双击时，文本区显示“鼠标双击”并显示鼠标的坐标。程序还显示一个红色的圆，当单击鼠标时圆的半径会不断地变大。

```
import javax.swing.*;
import java.awt.*;
import java.awt.event.*;
class MyFrame extends JFrame implements MouseListener{
    JTextArea text;
    int x,y,r =10;
    int mouseFlg=0;
    static String mouseStates[]=
    {" 鼠标单击 "," 鼠标进来 "," 鼠标走开 "," 鼠标双击 "," 鼠标键按下 "," 鼠标松开 "};
    MyFrame(String s){
        super(s);
        Container con = this.getContentPane();
        this.setSize(300,400);
        this.setLayout(new GridLayout(2,1));
```

```
        this.setLocation(200,100);
        text = new JTextArea(15,20);
        text.setBackground(Color.green);
        con.add(text);
        addMouseListener(this);
        this.setVisible(true);
        this.pack();
    }
    public void paint(){
        text.append(mouseStates[mouseFlg]+" 了，位置是：" +x+","+y+"\n");
    }
    public void mousePressed(MouseEvent e){
        x = e.getX();
        y = e.getY();
        mouseFlg = 4;
        paint();
    }
    public void mouseRelease(MouseEvent e){ }
    public void mouseEntered(MouseEvent e){
        x = e.getX();
        y = e.getY();
        mouseFlg = 1;
        paint();
    }
    public void mouseExited(MouseEvent e){
        x = e.getX();
        y = e.getY();
        mouseFlg = 2;
        paint();
    }
    public void mouseClicked(MouseEvent e){
        if(e.getClickCount()==2) {
            x = e.getX();
            y = e.getY();
            mouseFlg = 3;
            paint();
        } else {
            x = e.getX();
            y = e.getY();
            mouseFlg = 0;
```

```
            paint();
        }
    }
    public void mouseReleased(MouseEvent e) {
        x = e.getX();
        y = e.getY();
        mouseFlg = 5;
        paint();
    }
}
public class Demo6_16{
    public static void main(String[] args) {
        MyFrame myFrame = new MyFrame(" 鼠标事件示意程序 ");
    }
}
```

程序运行的结果：

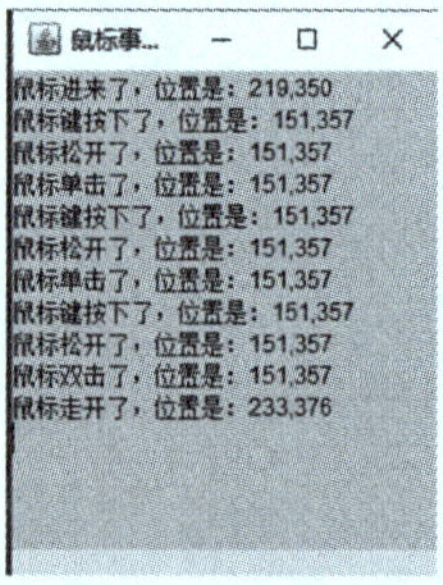

```
鼠标事...
鼠标进来了，位置是：219,350
鼠标键按下了，位置是：151,357
鼠标松开了，位置是：151,357
鼠标单击了，位置是：151,357
鼠标键按下了，位置是：151,357
鼠标松开了，位置是：151,357
鼠标单击了，位置是：151,357
鼠标键按下了，位置是：151,357
鼠标松开了，位置是：151,357
鼠标双击了，位置是：151,357
鼠标走开了，位置是：233,376
```

6.4 任务进阶

事件适配器

事件适配器是监听器接口的空实现；事件适配器实现了监听器接口，并为接口的每个方法都提供了空的实现，方法体内没有具体的代码。当需要创建监听器的时候，可以通过继承适配器，而不是实现监听器接口。因为适配器已经空实现了监听器接口中所有的方法，因此只要重写自己想要的方法即可，从而简化事件监听器代码的编写。

事件适配器类：将对应事件接口下所有的方法自动实现。下面以 Window 和 Key 事件举例。

WindowListener：窗体事件接口，7 个抽象方法，对应的适配器是 WindowAdapter，窗体适配器类，例 6-17 采用 WindowAdapter 自动实现这 7 个抽象方法，重写了 3 个方法。

【例 6-17】 通过案例掌握窗体适配器类的使用方法。

```
import java.awt.FlowLayout;
import java.awt.event.WindowAdapter;
import java.awt.event.WindowEvent;
import javax.swing.JButton;
import javax.swing.JFrame;
public class Demo6_17 extends JFrame{
public Demo6_17(){
   setLayout(new FlowLayout(FlowLayout.CENTER));
   add(new JButton(" 我是一个按钮 "));
   addWindowListener(new MyWindowListener());
  }
  public static void main(String[] agrs){
     JFrame frame = new Demo6_17();
     frame.setSize(400,400);
     frame.setLocation(400,300);
     frame.setVisible(true);
  }
}
class MyWindowListener extends WindowAdapter{
  public void windowClosing(WindowEvent e) {           // 窗口正处在关闭过程中时调用
    System.out.println(" 关闭状态 ");
    System.exit(0);
  }
  public void windowActivated(WindowEvent e) {         // 激活窗口时用
     System.out.println(" 激活状态 ");
  }
  public void windowOpened(WindowEvent e) {            // 已打开窗口时调用
     System.out.println(" 打开状态 ");
  }
 }
```

程序运行的结果：

```
激活状态
打开状态
关闭状态
```

KeyListener：键盘事件接口，对应的适配器是 KeyAdapter，键盘适配器类。

【例 6-18】 通过案例掌握键盘适配器类。

```
import java.awt.*;
import java.awt.event.*;
public class Demo6_18 {
    Frame fr = new Frame("KeyEvent...");
    public Demo6_18(){
    fr.setLocation(300, 300);
    fr.setVisible(true);
    fr.addWindowListener(new WindowAdapter(){
        public void windowClosing(WindowEvent e){
            System.exit(0);
              fr.setVisible(false);
        }
    });
    fr.addKeyListener(new KeyAdapter(){
         public void keyPressed(KeyEvent e){
              int keycode = e.getKeyCode();
              if(keycode == KeyEvent.VK_ENTER){
                     System.out.println(" 您按下的回车键 ");
              }
          }
      });
        }
    public static void main(String[] args) {
        new Demo6_18();
    }
}
```

程序运行的结果：

您按下的回车键

MouseListener：鼠标事件接口，对应的适配器是 MouseAdapter，鼠标适配器类。

【例 6-19】 通过案例掌握鼠标适配器类。

```
import java.awt.*;
import java.awt.event.*;
import javax.swing.*;
public class Demo6_19{
    private Frame f;
```

```
private Button bt;
Demo6_19(){// 构造方法
    madeFrame();
}
public void madeFrame(){
   f = new Frame("My Frame");
   // 对 Frame 进行基本设置。
   f.setBounds(300,100,600,500);                          // 对框架的位置和大小进行设置
   f.setLayout(new FlowLayout(FlowLayout.CENTER,5,5));    // 设计布局
   bt = new Button("My Button");
   // 将组件添加到 Frame 中
   f.add(bt);
   // 加载一下窗体上的事件
   myEvent();
   // 显示窗体
   f.setVisible(true);
}
private void myEvent(){
   f.addWindowListener(new WindowAdapter(){            // 窗口监听
      public void windowClosing(WindowEvent e) {
        System.out.println(" 窗体执行关闭！ ");
        System.exit(0);
      }
   });
   bt.addActionListener(new ActionListener(){          // 按钮监听
      public void actionPerformed(ActionEvent e){
        System.out.println(" 按钮活动了！ ");
      }
   });
   bt.addMouseListener(new MouseAdapter(){             // 鼠标监听
      private int count = 1;
      private int mouseCount = 1;
      public void mouseEntered(MouseEvent e) {
        System.out.println(" 鼠标监听 "+count++);
      }
      public void mouseClicked(MouseEvent e) {
        if(e.getClickCount()==2)
           System.out.println(" 鼠标被双击了 ");
        else System.out.println(" 鼠标被点击 "+mouseCount++);
      }
```

```
        });
    }
    public static void main(String[] args){
        new Demo6_19();
    }
}
```

程序运行的结果：

```
鼠标监听1
鼠标被点击1
按钮活动了！
鼠标被点击2
按钮活动了！
鼠标被双击了
按钮活动了！
窗体执行关闭！
```

6.5 任务总结

本章讲解了 Java 图形用户界面，具体讲解了 AWT 抽象窗口工具包以及 AWT 的容器和组件；窗体布局设计；Java Swing 窗体工具包（第二代 GUI 类库）；以及图形用户界面的事件处理和事件适配器的简单使用。

AWT 包含两个核心类：Container（容器）和 Component（组件）类。由 Frame 或其子类创建的对象为一个窗体。Container 的子类为 Panel 类。

布局管理器主要有 5 种：FlowLayout、BorderLayout、GridLayout、CardLayout 和 GridBagLayout。

Swing 可以扩展和简化跨平台应用程序的开发。纯 Java 实现轻量级，不依赖操作系统，具有更好的跨平台性，建立在 AWT 基础之上，不能完全舍弃 AWT。

Swing 组件分为容器类和非容器类。容器类是指能放入其他组件的组件，而非容器类是指 JButton、Label 等。

图形界面上的事件是指在某个组件上发生用户操作。

事件处理机制是为了便于系统管理事件，也为了便于程序进行监听器注册。要作为监听器对象的类必须实现相应的接口，提供接口规定的响应事件的方法。

事件适配器是监听器接口的空实现；事件适配器实现了监听器接口，并为接口的每个方法都提供了空的实现，方法体内没有具体的代码。

6.6 任务练习

1. JPanel 的默认布局管理器是（　　）。

A. FlowLayout　　B. CardLayout

C. BorderLayout　　D. GridLayout

2. 关于 AWT 和 Swing 说法正确的是（　　）。

A. Swing 是 AWT 的子类　　B. AWT 在不同操作系统中显示相同的风格

C. AWT 不支持事件模型　　D. Swing 在不同的操作系统中显示相同的风格

3. 如果有一个对象 myListener（其中 myListener 对象实现了 ActionListener 接口），下列哪条语句使得 myListener 对象能够接受处理来自于 smallButton 按钮对象的动作事件？（　　）

A. smallButton.add(myListener);

B. smallButton.addListener(myListener);

C. smallButton.addActionListener(myListener);

D. smallButton.addItem(myListener);

4. 关于 Frame 类的说法不正确的是（　　）。

A.Frame 是 Window 类的直接子类　　B.Frame 对象显示的效果是一个窗口

C.Frame 被默认初始化为可见　　D.Frame 的默认布局管理器为 BorderLayout

5. 下列哪个是非容器的构件？（　　）

A. JFrame　　B. Jbutton

C. JPanel　　D. JApplet

6. 在对下列语句的解释中，错误的是（　　）。

but.addActionListener(this);

A. but 是某种事件对象，如按钮事件对象

B. this 表示当前容器

C. ActionListener 是动作事件的监听者

D. 该语句的功能是将 but 对象注册为 this 对象的监听者

7. 下列关于菜单和对话框的描述中，错误的是（　　）。

A. JFrame 容器是可以容纳菜单组件的容器

B. 菜单条中可包含若干个菜单，菜单中又可包含若干个菜单项，菜单项中还可包含菜单子项

C. 对话框内不可以含有菜单条

D. 对话框与 JFrame 一样都可作为程序的底层容器

8. 编写程序，其中有两个按钮、一个文本框、3 个标签，一个标签做提示用，另两个标签用于显示结果。在文本框中输入整数，单击一个按钮按升序排列输入数据，单击另一个按钮按降序排列输入数据，结果分别显示于两个标签上，编辑、编译并执行源程序。

9. 使用 container 嵌套实现如下布局。

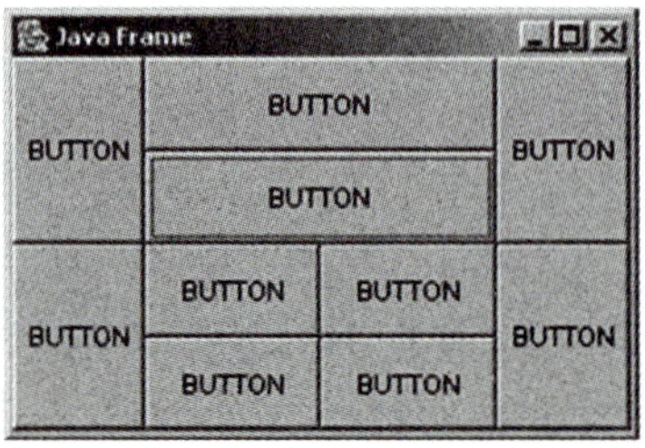

10. 编程：包含一个文本框和一个文本区域，文本框内容改变时，将文本框中的内容显示在文本区域中；在文本框中按回车键时，清空文本区域的内容。

第 7 章

I/O 流处理

7.1 任务描述

在编程时，经常需要将文件、数据和资源保存在计算机的磁盘中，以便在需要时读取。Java 的 I/O 流就是用来完成这一操作的。

本章将讲解什么是流、流的特点、流是如何输入与输出的，以及在不同情况下使用的不同种类的流。

7.2 任务目的

- 了解什么是流
- 了解流的特点
- 掌握流输入与输出
- 掌握不同种类的流的使用方法

7.3 任务相关知识

7.3.1 流的概念

流是用于在计算机中进行数据传输的一个机制，就像水管里的水流，水管的一端供水，在水管的另一端便可得到一股连续不断的水流。

程序的编写和执行离不开数据的输入与输出，例如从键盘读取数据，向显示器输出数据，向文件写入、读取数据，以及通过网络进行数据的输入与输出等，这些都涉及流的运用。Java 程序通过流来完成输入与输出，从而实现读写数据，Java 中与流实现相关的类在 java.io 包中。

7.3.2 流的特点

Java 程序利用流来实现输入与输出（I/O）。I/O 流具有的特点如下：

（1）必须有源端和目的端。

（2）可以是磁盘文件，可以是键盘、显示器等物理设备，也可以是 internet 上的某个 url 地址。

（3）数据有两个输出方向，以程序为核心，数据从外端流向程序称为输入流，数据从程序流向外端称为输出流。

7.3.3 流的分类

I/O 流有很多种，按照不同的方式可以分为以下 3 类：

（1）按照数据传输的方向可以分为输入流和输出流。

（2）按照数据传输单位的不同可分为字节流和字符流。字节流以字节为单位进行数据的读写；字符流以字符为单位进行数据的读写。从读与写的效率来看，字符流要比字节流效率高。

（3）按照功能的不同可分为节点流和处理流。节点流是直接与数据源相连，读入或读出的流（如：FileReader 和 FileWriter），但是直接使用节点流读写不方便；处理流是与节点流一起使用，在节点流的基础上再套接一层，是“连接”在已经存在的流（节点流或处理流）之上的，通过对数据的处理为程序提供更为强大的读写功能。

1. 字节流和字符流

字节流与字符流可以相互转换，从字节流到字符流可以通过 InputStreamReader、OutputStreamWrite 类来实现；从字符流到字节流可以从字符流中获取 char[] 数组，转换为 String，然后调用 String 的 API 函数 getBytes() 获取 byte[]，然后就可以通过 ByteArrayInputStream、ByteArrayOutputStream 来实现到字节流的转换了。

不管是字节流的操作还是字符流的操作，本身都表示资源操作，而执行所有的资源操作都会按照如下步骤进行，下面以文件操作为例对文件进行读、写操作。

第一步，如果要操作的是文件，那么首先要通过 File 类对象找到一个要操作的文件路径（路径有可能存在，也有可能不存在，如果不存在，则要创建路径）。

第二步，通过字节流或字符流的子类为字节流或字符流的对象实例化。

第三步，执行读 / 写操作。

第四步，关闭操作的资源（close()）。不管日后如何操作，资源永远要关闭。

（1）字节流。

字节流由两个类层次结构定义，顶层有两个抽象类：InputStream 和 OutputStream。每个抽象类都有多个具体的子类，这些子类对不同的外设进行处理，如磁盘文件、网络连接，甚至是内存缓冲区，见表 7－1。

表 7－1　字节流

流的名称	流的作用
BufferedInputStream	缓冲输入字节流
BufferedOutputStream	缓冲输出字节流
ByteArrayInputStream	从字节数组读取数据的输入流
ByteArrayOutputStream	向字节数组写入数据的输出流
DataInputStream	包含读取 Java 标准数据类型方法的输入流
DataOutputStream	包含编写 Java 标准数据类型方法的输出流
FileInputStream	读取文件的输入流
FileOutputStream	写文件的输出流
FilterInputStream	实现 InputStream
FilterOutputStream	实现 OutputStream
InputStream	描述流输入的抽象类
OutputStream	描述流输出的抽象类
PipedInputStream	输入管道
PipedOutputStream	输出管道 PrintStream 包含 print( ) 和 println( ) 的输出流
PushbackInputStream	支持向输入流返回一字节的单字节的“unget”的输入流
RandomAccessFile	支持随机文件输入 / 输出
SequenceInputStream	两个或两个以上顺序读取的输入流组成的输入流

以 FileOutputStream 和 FileInputStream 为例来说明字节流。

对于 OutputStream 类而言，发现其本身定义的是一个抽象类（abstract class），按照抽象类的使用原则，需要定义抽象类的子类，而现在如果要执行的是文件操作，则可以使用 FileOutputStream 子类来完成。FileOutputStream 类的构造方法见表 7－2。

表 7－2　FileOutputStream 类的构造方法

构造方法	主要功能
public FileOutputStream(File file) throws FileNotFoundException	创建文件输出流以写入由指定的 File 对象表示的文件

续表

构造方法	主要功能
public FileOutputStream(File file, boolean append) throws FileNotFoundException	创建文件输出流以写入由指定的 File 对象表示的文件。如果第二个参数是 true，则字节将被写入文件的末尾而不是开头

FileOutputStream 类之中定义了 3 个方法，见表 7－3。

表 7－3　FileOutputStream 类的方法

方法	主要功能
void write(int b)	将指定字节写入此文件输出流
void write(byte[] b)	将 b.length 的字节从指定 byte 数组写入此文件输出流
void write(byte[] b, int off, int len)	将指定 byte 数组中从偏移量 off 开始的 len 的字节写入此文件输出流

【例 7-1】 通过案例掌握 FileOutputStream 的使用方法。

```
import java.io.File;
import java.io.FileInputStream;
import java.io.FileOutputStream;
public class Demo7_01 {
  public static void main(String[] args) {          // 主方法
    File file = new File("Demo7_1.txt");            // 创建文件对象
    try {                                           // 捕捉异常
      // 创建 FileOutputStream 对象
      FileOutputStream out = new FileOutputStream(file);
      // 创建 byte 型数组
      byte buy[] = " 你好，FileOutputStream 案例已成功实现。".getBytes();
      out.write(buy);                               // 将数组中信息写入到文件中
      out.close();                                  // 将流关闭
      System.out.print(" 请到该项目目录下查询 Demo7_1.txt 文件 ");
    } catch (Exception e) {                         // catch 语句处理异常信息
      e.printStackTrace();                          // 输出异常信息
    }

  }
}
```

程序运行的结果：

```
请到该项目目录下查询Demo7_1.txt文件
```

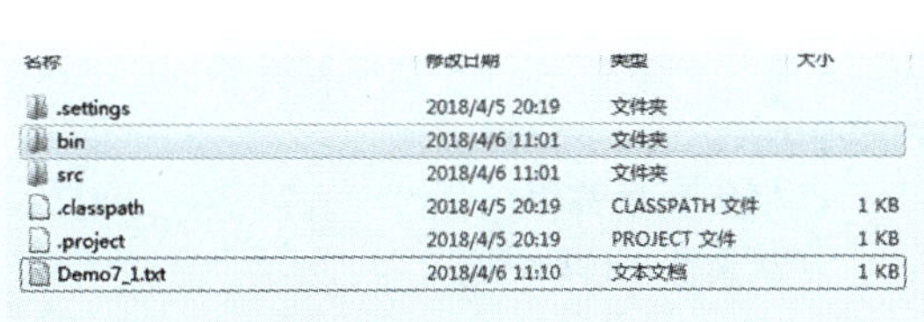

打开 Demo7_1.txt 文件

FileInputStream 是 Java 语言中的抽象类 InputStream，用来具体实现类的创建对象。FileInputStream 可以从文件系统中的某个文件中获得输入字节，获取的文件可用性取决于主机环境。FileInputStream 的构造方法需要指定文件的来源，通过打开一个到实际文件的连接来创建一个 FileInputStream，该文件通过文件系统中的 File 对象 file 指定。FileInputStream 的构造方法见表 7－4。

表 7－4　FileInputStream 的构造方法

构造方法	主要功能
FileInputStream(File file)	通过打开一个到实际文件的连接来创建一个 FileInputStream 对象，该文件通过文件系统中的 File 对象 file 指定
FileInputStream(String name)	通过打开一个到实际文件的连接来创建一个 FileInputStream 对象，该文件通过文件系统中的路径名 name 指定

FileInputStream 的常用方法见表 7－5。

表 7－5　FileInputStream 的常用方法

方法	主要功能
public int read()	从此输入流中读取一个数据字节
public int read(byte[] b)	从此输入流中将最多 b.length 的字节的数据读入一个 byte 数组中
public void close()	关闭此文件输入流并释放与流相关联的任何系统资源

【例 7-2】 通过案例掌握 FileInputStream 的使用方法。

```
import java.io.File;
import java.io.FileInputStream;
public class Demo7_02 {
    public static void main(String[] args) {          // 主方法
        File file = new File("Demo7_1.txt");          // 创建文件对象
        try {
```

```
            // 创建 FileInputStream 类对象
            FileInputStream in = new FileInputStream(file);
            byte byt[] = newbyte[1024];              // 创建 byte 数组
            int len = in.read(byt);                  // 从文件中读取信息
            // 将文件中信息输出
            System.out.println(" 文件中的信息是： " + new String(byt, 0, len));
            in.close();                              // 关闭流
        } catch (Exception e) {
            e.printStackTrace();                     // 输出异常信息
        }
    }
}
```

程序运行的结果：

```
txt中的信息是：你好，FileOutputStream案例已成功实现。
```

（2）字符流。

字符流由两个类层次结构定义，顶层有两个抽象类：Reader 和 Writer。这些抽象类处理统一编码的字符流。Java 程序中这些类含有多个具体的子类，见表 7－6。

表 7－6　字符流

流的名称	流的作用
BufferedReader	缓冲输入字符流
BufferedWriter	缓冲输出字符流
CharArrayReader	从字符数组读取数据的输入流
CharArrayWriter	向字符数组写入数据的输出流
FileReader	读取文件的输入流
FileWriter	写文件的输出流
FilterReader	过滤读
FilterWriter	过滤写
InputStreamReader	把字节转换成字符的输入流
LineNumberReader	计算行数的输入流
OutputStreamWriter	把字符转换成字节的输出流
PipedReader	输入管道
PipedWriter	输出管道
PrintWriter	包含 print( ) 和 println( ) 的输出流
PushbackReader	允许字符返回到输入流的输入流
Reader	描述字符流输入的抽象类

续表

流的名称	流的作用
StringReader	读取字符串的输入流
StringWriter	写字符串的输出流
Writer	描述字符流输出的抽象类

以 FileWriter 和 FileReader 为例来说明字符流。

1）FileWriter 类从 OutputStreamWriter 类继承而来。该类按字符向流中写入数据。可以通过以下几种构造方法创建需要的对象。

FileWriter 是文件字符输出流，主要用于将字符写入指定的打开的文件中，其本质是通过传入的文件名、文件，或者文件描述符来创建 FileOutputStream，然后使用 OutputStreamWriter 和默认编码将 FileOutputStream 转换成 Writer（Writer 就是 FileWriter）。

FileWriter 类的构造方法见表 7－7，FileWriter 类的常用方法见表 7－8。

表 7－7　FileWriter 类的构造方法

构造方法	主要功能
FileWriter(File file)	在给出 File 对象的情况下构造一个 FileWriter 对象
FileWriter(File file, boolean append)	给一个 File 对象构造一个 FileWriter 对象。如果第二个参数是 true，则字节将写入文件的末尾而不是开头

表 7－8　FileWriter 类的常用方法

方法	主要功能
public void write(int c)	写入单个字符 c
public void write(char [] c, int offset, int len)	写入字符数组 c 中开始为 offset、长度为 len 的某一部分
public void write(String s, int offset, int len)	写入字符串 s 中开始为 offset、长度为 len 的某一部分

【例 7-3】 通过案例掌握 FileWriter 的使用方法。

```
import java.io.File;
import java.io.FileWriter;
public class Demo7_03 {
    public static void main(String[] args) {            // 主方法
        File file = new File("Demo7_03.txt");
        try {
            // 创建 FileWriter 对象
            FileWriter out = new FileWriter(file);
            // 获取文本域中文本
            out.write(" 你好，FileWriter 案例已成功实现。");
            // 将信息写入磁盘文件
```

```
            out.close();                              // 将流关闭
            System.out.print(" 请到该项目目录下查询 Demo7_3.txt 文件 ");
        } catch (Exception e1) {
            e1.printStackTrace();
        }
    }

}
```

程序运行的结果：

请到该项目目录下查询Demo7_3.txt文件

.settings	2018/4/5 20:19	文件夹	
bin	2018/4/6 11:34	文件夹	
src	2018/4/6 11:34	文件夹	
.classpath	2018/4/5 20:19	CLASSPATH 文件	1 KB
.project	2018/4/5 20:19	PROJECT 文件	1 KB
Demo7_1.txt	2018/4/6 11:10	文本文档	1 KB
Demo7_03.txt	2018/4/6 11:38	文本文档	1 KB

Demo7_03.txt - 记事本

文件(F) 编辑(E) 格式(O) 查看(V) 帮助(H)

你好，FileWriter案例已成功实现。

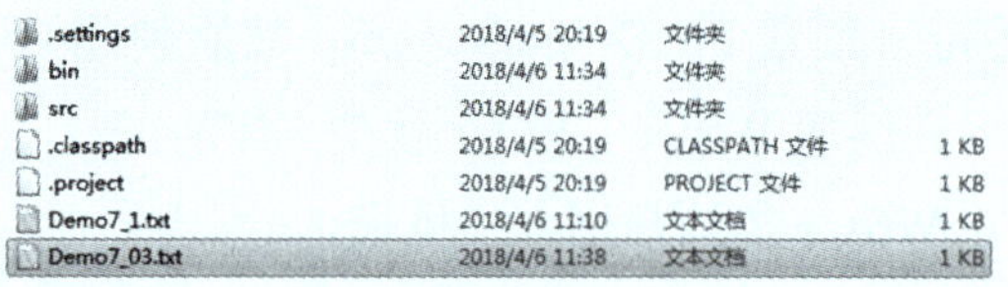

2）FileReader 是文件字符输入流，用于将文件内容以字符形式读取出来，一般用于读取字符形式的文件内容，也可以读取字节形式，但是因为 FileReader 内部也是通过传入的参数构造 InputStreamReader，并且只能使用默认编码，所以无法控制编码问题，这样的话就很容易造成乱码。所以在读取字节形式的文件时还是使用字节流来操作比较好，在使用此流的时候用 BufferedReader 包装一下，能提高效率、保护存储介质。

FileReader 类的构造方法见表 7－9，FileReader 类的常用方法见表 7－10。

表 7－9　FileReader 类的构造方法

构造方法	主要功能
FileReader(File file)	创建一个 FileReader 对象，给出 File 读取
FileReader(FileDescriptor fd)	创建一个 FileReader 对象，给定 FileDescriptor 读取
FileReader(String fileName)	创建一个 FileReader 对象，给定要读取的文件的名称

表 7－10　FileReader 类的常用方法

方法	主要功能
public int read()	读取单个字符。返回作为整数读取的字符，如果已到达流末尾，则返回 -1
public int read(char []cbuf)	将字符读入数组。返回读取的字符数，如果已经到达尾部，则返回 -1
public abstract int read(char[] cbuf, int off,int len)	将字符读入数组的某一部分

【例 7-4】 通过案例掌握 FileReader 的使用方法。

```
import java.io.File;
import java.io.FileReader;
public class Demo7_04 {
    public static void main(String[] args) {          // 主方法
        File file = new File("Demo7_03.txt");         // 创建文件对象
        try {
            // 创建 FileReader 对象
            FileReader in = new FileReader(file);
            char byt[] = newchar[1024];               // 创建 char 型数组
            int len = in.read(byt);                   // 将字节读入数组
            System.out.println(newString(byt, 0, len));
        } catch (Exception e1) {
            e1.printStackTrace();
        }
    }
}
```

程序运行的结果：

```
你好，FileWriter案例已成功实现。
```

2. 文件操作类

Java 在应用程序设计中，除了基本的键盘输入与屏幕输出之外，最常用的就是对磁盘文件的读写，而 File 类就是专门用来处理磁盘目录与文件的。在整个 java.io 包之中，File 类是与文件本身操作有关的类。所谓的文件本身指的是：文件的创建、删除、重命名，以及取得文件大小、修改日期等。

要想使用 File 类操作文件的话，那么肯定要通过构造方法实例化 File 类对象。File 类的构造方法见表 7－11，File 类的常用方法见表 7－12。

表 7－11　File 类的构造方法

构造方法	主要功能
public File(String pathname)	通过将给定的路径名字符串转换为抽象路径名来创建新的 File 实例
public File(File parent, String child)	从父抽象路径名和子路径名字符串创建新的 File 实例

表 7－12　File 类的常用方法

方法	主要功能
public String getName()	取得文件的名称
public boolean isDirectory()	给定的路径是否是文件夹

续表

方法	主要功能
public boolean isFile()	给定的路径是否是文件
public boolean isHidden()	是否是隐藏文件
public long lastModified()	文件的最后一次修改日期
public long length()	取得文件大小，是以字节为单位返回的
public File getParentFile()	找到一个指定文件的父路径
public boolean mkdirs()	创建目录

【例 7-5】 通过案例掌握 File 的使用方法。

```
import java.io.File;
public class Demo7_05 {
    public static void main(String[] args) {            // 主方法
        File file = new File("Demo7_05.txt");           // 创建文件对象
        if (file.exists()) {                            // 如果该文件存在
            file.delete();                              // 将文件删除
            System.out.println(" 文件已删除 ");          // 输出的提示信息
        } else {                                        // 如果文件不存在
            try {                                       // try 语句块捕捉可能出现的异常
                file.createNewFile();                   // 创建该文件
                System.out.println(" 文件已创建 ");      // 输出的提示信息
            } catch (Exception e) {                     // catch 处理该异常
                e.printStackTrace();                    // 输出异常信息
            }
        }
    }
}
```

程序运行的结果：

```
文件已创建
```

3. 缓冲流

缓冲流是处理流的一种，对读写的数据提供缓冲功能，提高了读写的效率。缓冲流主要包括 4 类：BufferedInputStream、BufferedReader、BufferedOutputStream 和 BufferedWriter，这里主要介绍 BufferedReader 和 BufferedWriter。

【例 7-6】 通过案例掌握 BufferedReader 和 BufferedWriter 的使用方法。

```
import java.io.BufferedReader;
```

```
import java.io.BufferedWriter;
import java.io.File;
import java.io.FileReader;
import java.io.FileWriter;
public class Demo7_06 {
    public static void main(String args[]) {                // 主方法
        // 定义字符串数组
        String content[] = { "BufferedReader", "BufferedWriter",
        "BufferedInputStream","BufferedOutputStream" };
        File file = new File("Demo7_06.txt");               // 创建文件对象
        try {
            FileWriter fw = new FileWriter(file);           // 创建 FileWriter 类对象
            // 创建 BufferedWriter 类对象
            BufferedWriter bufw = new BufferedWriter(fw);
            for (int k = 0; k < content.length; k++) {     // 循环遍历数组
                bufw.write(content[k]);
                // 将字符串数组中元素写入到磁盘文件中
                bufw.newLine();
                // 将数组中的单个元素以单行的形式写入文件
            }
            bufw.close();                                   // 将 BufferedWriter 流关闭
            fw.close();                                     // 将 FileWriter 流关闭
        } catch (Exception e) {                             // 处理异常
            e.printStackTrace();
        }
        try {
            FileReader fr = new FileReader(file);           // 创建 FileReader 类对象
            // 创建 BufferedReader 类对象
            BufferedReader bufr = new BufferedReader(fr);
            String s = null;                                // 创建字符串对象
            int i = 0;                                      // 声明 int 型变量
            // 如果文件的文本行数不为 null, 则进入循环
            while ((s = bufr.readLine()) != null) {
                i++;                                        // 将变量做自增运算
                System.out.println(" 第 " + i + " 行 :" + s); // 输出文件数据
            }
            bufr.close();                                   // 将 FileReader 流关闭
            fr.close();                                     // 将 FileReader 流关闭
        } catch (Exception e) {                             // 处理异常
            e.printStackTrace();
```

```
        }
    }
}
```

程序运行的结果：

```
第1行:BufferedReader
第2行:BufferedWriter
第3行:BufferedInputStream
第4行:BufferedOutputStream
```

4. 数据流

数据流（stream）指的是所有数据通信通道之中，数据的起点和终点。信息的通道就是一个数据流。只要是数据从一个地方“流”到另外一个地方，这种数据流动的通道都可以被称为数据流。数据流包括 DataInputStream 和 DataOutputStream 两个类。

【例 7-7】 通过案例掌握 DataInputStream 和 DataOutputStream 的使用方法。

```
import java.io.DataInputStream;
import java.io.DataOutputStream;
import java.io.FileInputStream;
import java.io.FileOutputStream;
public class Demo7_07 {
    public static void main(String[] args) {            // 主方法
        try {
            // 创建 FileOutputStream 对象
            FileOutputStream fs = new FileOutputStream("Demo7_07.txt");
            // 创建 DataOutputStream 对象
            DataOutputStream ds = new DataOutputStream(fs);
            ds.writeUTF(" 你好，DataOutputStream 案例已成功实现。");
// 写入磁盘文件数据
            ds.close(); // 将流关闭
            // 创建 FileInputStream 对象
            FileInputStream fis = new FileInputStream("Demo7_07.txt");
            // 创建 DataInputStream 对象
            DataInputStream dis = new DataInputStream(fis);
            System.out.print(dis.readUTF());            // 将文件数据输出
        } catch (Exception e) {
            e.printStackTrace();                        // 输出异常信息
        }
    }
}
```

程序运行的结果：

```
你好，DataOutputStream案例已成功实现。
```

5. 随机读写流

Java.io 包提供了 RandomAccessFile 类，用于随机文件的创建和访问。使用这个类，可以跳转到文件的任意位置读写数据。程序可以在随机文件中插入数据，而不会破坏该文件的其他数据。此外，程序也可以更新或删除先前存储的数据，而不用重写整个文件。

【例 7-8】 通过案例掌握 RandomAccessFile 的使用方法。

```
import java.io.File;
import java.io.IOException;
import java.io.RandomAccessFile;
public class Demo7_08 {
    public static void main(String[] args) throws IOException{
        RandomAccessFile raf = new RandomAccessFile("Demo7_08.txt","rw");
        Person p1 = new Person(20," 张三 ");
        p1.write(raf);
        raf.seek(0);// 读取时，将指针重置到文件的开始位置。
        Person p2 = new Person();
        p2.read(raf);
        System.out.println("age=" + p2.getAge() + ";name=" + p2.getName());
    }
}
class Person{
    int age;
    String name;
    public Person() {}
    public Person(int age, String name){
        this.age = age;
        this.name = name;
    }
    public void write(RandomAccessFile raf) throws IOException{
        raf.writeInt(age);
        raf.writeUTF(name);
    }
    public void read(RandomAccessFile raf) throws IOException{
        this.age = raf.readInt();
        this.name = raf.readUTF();
    }
```

```
    public int getAge(){
        return age;
    }
    public void setAge(intage){
        this.age = age;
    }
    public String getName(){
        return name;
    }
    public void setName(String name){
        this.name = name;
    }
}
```

程序运行的结果：

```
age=20;name=张三
```

7.4 任务进阶

复制文件

尽管 Java 提供了一个可以处理文件的 I/O 操作类，但是没有一个复制文件的方法。当你的程序必须处理很多文件的时候，复制文件是一个重要的操作。

【例 7-9】 通过案例掌握文件的复制方法（命令行实现文件的复制）。

注意：本案例中的 Demo7_09.txt 必须是存在的文件。

```
import java.io.FileInputStream;
import java.io.FileNotFoundException;
import java.io.FileOutputStream;
import java.io.IOException;
public class Demo7_09 {
    public static void main(String[] args) {
        FileInputStream fis = null;
        FileOutputStream fos = null;
        try {
            // 1. 创建输入流对象，负责读取，注意要先创建一个 Demo7_09a.txt。
            fis = new FileInputStream("Demo7_09a.txt");
            // 2. 创建输出流对象
```

```
            fos = new FileOutputStream("Demo7_09b.txt", true);
            // 3. 创建中转站数组，存放每次读取的内容
            byte[] words = newbyte[1024];
            // 4. 通过循环实现文件读取
            while ((fis.read()) != -1) {
                fis.read(words);
                fos.write(words, 0, words.length);
            }
            System.out.println(" 复制完成，请查看文件！ ");
        } catch (FileNotFoundException e) {
            e.printStackTrace();
        } catch (IOException e) {
            e.printStackTrace();
        } finally {          // 5. 关闭流
            try {
                if (fos != null)
                    fos.close();
                if (fis != null)
                    fis.close();
            } catch (IOException e) {
                e.printStackTrace();
            }
        }
    }
}
```

程序运行的结果：

复制完成，请查看文件！

.settings	2018/4/5 20:19	文件夹	
bin	2018/4/6 12:27	文件夹	
src	2018/4/6 12:27	文件夹	
.classpath	2018/4/5 20:19	CLASSPATH 文件	1 KB
.project	2018/4/5 20:19	PROJECT 文件	1 KB
Demo7_1.txt	2018/4/6 11:10	文本文档	1 KB
Demo7_03.txt	2018/4/6 11:38	文本文档	1 KB
Demo7_06.txt	2018/4/6 11:52	文本文档	1 KB
Demo7_07.txt	2018/4/6 11:59	文本文档	1 KB
Demo7_08.txt	2018/4/6 12:24	文本文档	1 KB
Demo7_09a.txt	2018/4/6 12:31	文本文档	1 KB
Demo7_09b.txt	2018/4/6 12:31	文本文档	1 KB

7.5 任务总结

本章讲解了什么是流，流的特点和分类，流是如何输入与输出的，以及不同种类流

的使用。通过案例具体讲解了字节流和字符流、文件类、缓冲流、数据流和随机读写流。

7.6 任务练习

1. 以下关于 File 类的说法正确的是（　　）。

A. 一个 File 对象代表了操作系统中的一个文件或者文件夹

B. 可以使用 File 对象创建和删除一个文件

C. 可以使用 File 对象创建和删除一个文件夹

D. 当一个 File 对象被作为垃圾回收时，系统上对应的文件或文件夹也被删除

2. 有如下代码：

```
public class TestFile{
    public static void main(String args[]){
        File file = new File(“chp13/corejava.txt”);
    }
}
```

请选择一个正确答案（　　）。

A. corejava.txt 文件在系统中被创建

B. 在 windows 系统上运行出错，因为路径分隔符不正确

C. corejava.txt 文件在系统中没有被创建

D. 如果 corejava.txt 文件已存在，则抛出一个异常

3. 下面关于 FileInputStream 类型说法正确的是（　　）。

A. 创建 FileInputStream 对象是为了读取硬盘上的文件

B. 创建 FileInputStream 对象时，如果硬盘上对应的文件不存在，则抛出一个异常

C. 利用 FileInputStream 对象可以创建文件

D. FileInputStream 对象读取文件时，只能读取文本文件

4. 对文本文件操作用什么流？（　　）

A. FileReader　　B. FileInputStream

C. RandomAccessFile　　D. FileWriter

5. 为了提高读写性能，可以采用什么流？（　　）

A. InputStream　　B. DataInputStream

C. BufferedReader　　D. BufferedInputStream

E. OutputStream　　F. BufferedOutputStream

6. 编写一个程序，把你的程序写入文件 data.txt 中，然后再从文件中读取第一行数据，并统计各个字符出现的个数。

7. 建立一个 FileReader 对象来读取文件 a.txt 的前 4 行数据，遇到回车换行结束，并把读取的结果在控制台中输出显示。

a.txt 中的内容：

钱塘湖春行

唐 · 白居易

孤山寺北贾亭西，水面初平云脚低。
几处早莺争暖树，谁家新燕啄春泥。
乱花渐欲迷人眼，浅草才能没马蹄。
最爱湖东行不足，绿杨阴里白沙堤。

8. 编写程序：实现文件的复制功能。

9. 编写一个程序，对一个保存英文文章的文本文件进行统计，最后给出每个英文字符及每个标点符号出现的次数，按照出现的次数升序排列输出。

10. 利用输入流和输出流及文件类编写一个程序，实现在屏幕显示文本文件的内容，显示的文件内容以命令行参数的形式提供，类似于 Dos 命令的 type 命令。

第 8 章

多线程编程

8.1 任务描述

Java 语言提供了对多线程编程的支持，通过多线程技术，可以使编写的 Java 程序执行不同的任务，可以使程序反应更快、交互性更强、执行效率更高。

本章主要学习 Java 的多线程的定义、多线程的实现方法、多线程的常用方法以及多线程的同步与控制。

8.2 任务目的

- 理解什么是多线程
- 掌握多线程的两种实现方法
- 掌握多线程的常用方法
- 理解多线程同步与控制原理

8.3 任务相关知识

8.3.1 进程与线程

在计算机操作系统中，每一个运行的程序被称作一个进程，而每个进程包含多个独立的指令序列，每个指令序列都具有特定的功能，被称为线程。线程也称作轻量级进程。就像进程一样，线程在程序中是独立的、并发的执行路径，每个线程有它自己的堆栈、自己的程序计数器和自己的局部变量。与分隔的进程相比，进程中的线程之间的隔离程度要小。它们共享内存、文件句柄和其他每个进程应有的状态。进程可以支持多个线程，它们看似同时执行，但互相之间并不同步。一个进程中的多个线程共享相同的内存地址空间，这就意味着它们可以访问相同的变量和对象，而且它们从同一堆中分配对象。

多线程是指一个程序能并发具有不同的功能。正是由于这种并发性，使得我们能够在同一台计算机上同时进行图片欣赏、语音通话等。并发执行指一组在逻辑上互相独立的程序或程序段在执行过程中，其执行时间在客观上互相重叠，即一个程序段的执行尚未结束，另一个程序段的执行已经开始。

线程和进程的区别在于每个进程都有独立的代码和数据空间，进程间的切换会有较大的开销；线程可以被看成轻量级的进程，同一类线程共享代码和数据空间，每个线程有独立的运行栈和程序计数器（PC），线程切换的开销小。

8.3.2 线程的实现方式

在 Java 之中，要想实现多线程的程序，那么就必须依靠一个线程的主体类（就像主类的概念一样，表示的是一个线程的主类），这个类可以继承 Thread 类或实现 Runnable 接口来完成定义。线程所有完成的定义是通过方法 run() 来实现的，方法 run() 称为线程体。当一个线程被建立并启动后，程序运行时自动调用 run() 方法，通过 run() 方法才能使建立线程的目的得以实现。

1. 继承 Thread 类方式

java.lang.Thread 是一个负责线程操作的类，任何的类只需要继承 Thread 类就可以成为一个线程的主类，但是既然是主类则必须有它的使用方法，而线程启动的主要方法是需要覆写 Thread 类中的 run() 方法。

下面使用继承 Thread 类方式实现多线程。

（1）创建一个类，该类是 extends Thread 类，并且重写父类的 run() 方法。

```
public class MyThread extends Thread {
    public void run() {
        // 线程体
    }
}
```

（2）在 main() 方法中创建线程对象。

```
MyThread t=new MyThread();
```

（3）在 main() 方法中通过线程对象调用 start() 启动线程。

```
t.start();
```

（4）启动 start() 之后，会自动运行 run() 方法里面的代码。把 run() 方法里面的代码运行完了，该线程就结束了。

【例 8-1】 通过案例掌握继承 Thread 类的方式。

```
public class Demo8_01 {
    public static void main(String args[]) {
        TestThread thread = new TestThread();
        thread.start();
        for(inti=0; i<10; i++) {
            System.out.print("Main:--" + i+"");
            switch (i) {
            case 2: System.out.println();
                break;
            case 4: System.out.println();
                break;
            case 6: System.out.println();
                break;
            case 8: System.out.println();
                break;
            }
        }
    }
}
class TestThread extends Thread {
    public void run() {
        for(inti=0; i<10; i++) {
            System.out.print("Test:" + i+"");
            switch (i) {
            case 2: System.out.println();
                break;
            case 4: System.out.println();
                break;
            case 6: System.out.println();
                break;
            case 8: System.out.println();
                break;
            }
        }
    }
}
```

程序运行的结果：

```
Main:--0 Test:0 Main:--1 Test:1 Main:--2 Test:2

Main:--3 Test:3 Main:--4
Test:4
Main:--5 Main:--6
Test:5 Test:6
Main:--7 Test:7 Main:--8
Test:8
Main:--9 Test:9
```

2 实现 Runnable 接口方式

使用 Thread 类的确可以方便地进行多线程的实现，但是这种方式最大的缺点就是单继承的问题，为此，在 Java 之中也可以利用 Runnable 接口来实现多线程。要想启动多线程依靠 Thread 类的 start() 方法完成，之前继承 Thread 类的时候可以将此方法直接继承过来使用，但现在实现的是 Runnable 接口，没有这个方法可以继承了，为了解决这个问题，还是需要依靠 Thread 类来完成，在 Thread 类中定义了一个构造方法：public Thread(Runnable target)，接收 Runnable 接口对象。使用实现 Runnable 接口的方式来实现多线程的方法如下。

（1）定义一个类来实现 Runnable 接口，并且实现 run() 方法。

```
public class MyRunnable implements Runnable{
    publicvoid run() {
        // 方法体
    }
}
```

（2）为该类创建一个对象。

```
MyRunnable r=new MyRunnable();
```

（3）把该对象传递给线程对象。

```
Thread t=new Thread(r);
```

（4）通过 start() 启动线程。

```
t.start();
```

（5）启动线程后，会自动运行 run() 方法里面的代码。把 run() 方法里面的代码运行完了，该线程就结束了。

【例 8-2】 通过案例掌握继承 Runnable 类的方式。

```
public class Demo8_02 {
    public static void main(String args[]) {
        TestRunnable r = new TestRunnable();
```

```
        Thread t1 = new Thread(r);
        Thread t2 = new Thread(r);
        t1.start();
        t2.start();
    }
}
class TestRunnable implements Runnable {
    public void run() {
        for(inti=0; i<10; i++) {
            System.out.print("No."+ i+"");
            if(i==4)
                System.out.println();
        }
    }
}
```

程序运行的结果：

```
No.0 No.0 No.1 No.1 No.2 No.2 No.3 No.4 No.3
No.4
No.5 No.5 No.6 No.6 No.7 No.7 No.8 No.8 No.9 No.9
```

8.3.3 线程常用方法

有时在实现多线程的过程中要满足一些特定要求，如线程的休眠（暂时停止一段时间再执行）和线程等待（让其他线程执行一个时间段后再执行）等。多线程常用的一些方法见表 8－1。

表 8－1　多线程常用方法

方法	主要功能
setPriority()	设置线程的优先级。线程的优先级：最高为 10，最低为 1，默认的优先级为 5
getPriority()	获取线程的优先级
join()	线程合并，将当前线程与该线程“合并”，即等待该线程结束，再恢复当前线程的运行。让一个线程 b “加入” 到另一个线程 a 的尾部，在 a 执行完毕之前，b 线程不能工作
yield()	让出 cpu，当前线程进入就绪队列等待调度
wait()	当前线程进入对象的 wait pool
notify()	唤醒等待池 wait pool 中的一个等待线程
notifyAll()	唤醒等待池 wait pool 中的所有等待线程
sleep()	使当前正在执行的线程以指定的毫秒数暂停（暂时停止执行），具体取决于系统定时器和调度程序的精度和准确性

1. 线程 sleep()

public static void sleep(long millis) throws InterruptedException，设置的休眠单位是

毫秒。

【例 8-3】 通过案例掌握 sleep() 的方法。

```
class MyThread implements Runnable {
    @Override
    public void run() {
        for (inti = 0;i< 5;i++) {
            try {
                Thread.sleep(100);
            } catch (InterruptedException e) {
                e.printStackTrace();
            }
            System.out.print(Thread.currentThread().getName() + ",i = " + i+"");
        if (i==1) {
            System.out.println();
            }
        if (i==3) {
            System.out.println();
            }
        }
    }
}
public class Demo8_03 {
    public static void main(String[] args) throws Exception {
        MyThread mt = new MyThread();
        new Thread(mt, " 线程 1").start();
        new Thread(mt, " 线程 2").start();
        new Thread(mt, " 线程 3").start();
        new Thread(mt, " 线程 4").start();
        new Thread(mt, " 线程 5").start();
    }
}
```

程序运行的结果：

```
线程1,i = 0 线程3,i = 0 线程4,i = 0 线程2,i = 0 线程5,i = 0 线程1,i = 1
线程5,i = 1 线程2,i = 1
线程4,i = 1

线程3,i = 1
线程1,i = 2 线程2,i = 2 线程4,i = 2 线程3,i = 2 线程5,i = 2 线程1,i = 3
线程2,i = 3
线程4,i = 3
线程5,i = 3
线程3,i = 3
线程1,i = 4 线程2,i = 4 线程4,i = 4 线程5,i = 4 线程3,i = 4
```

程序休眠了之后，程序运行速度变慢了。

2. 线程 join()

Thread 类中有一个 join() 方法，在一个线程中启动另外一个线程的 join 方法，当前线程将会挂起，而执行被启动的线程，直到被启动的线程执行完毕后，当前线程才开始执行。

【例 8-4】 通过案例掌握 join() 的方法。

```
class JoinThread extends Thread {
    public JoinThread(String name) {
        super(name);
    }
    public void run() {
        for (inti = 0;i< 5;i++) {
            try {
                Thread.sleep(100);
            } catch (InterruptedException e) {
                e.printStackTrace();
            }
            System.out.print(Thread.currentThread().getName() + ",i = " + i+"");
        }
        System.out.println();
    }
}
public class Demo8_04 {
    public static void main(String[] args) throws Exception {
        for(inti=1;i<=5;i++){
            JoinThread t1=new JoinThread(" 线程 "+i);
            t1.start();
            try {
                t1.join();
            } catch (InterruptedException e) {}
        }
    }
}
```

程序运行的结果：

```
线程1,i = 0 线程1,i = 1 线程1,i = 2 线程1,i = 3 线程1,i = 4
线程2,i = 0 线程2,i = 1 线程2,i = 2 线程2,i = 3 线程2,i = 4
线程3,i = 0 线程3,i = 1 线程3,i = 2 线程3,i = 3 线程3,i = 4
线程4,i = 0 线程4,i = 1 线程4,i = 2 线程4,i = 3 线程4,i = 4
线程5,i = 0 线程5,i = 1 线程5,i = 2 线程5,i = 3 线程5,i = 4
```

3. 线程 yield()

yield() 应该做的是让当前运行的线程回到可运行状态，以允许具有相同优先级的其他线程获得运行机会。yield() 从未导致线程转到等待 / 睡眠 / 阻塞状态。在大多数情况下，yield() 将导致线程从运行状态转到可运行状态，但有可能没有效果。

【例 8-5】 通过案例掌握 yield() 的方法。

```
public class Demo8_05 {
    public static void main(String[] args) {
        YieldThread t1 = new YieldThread("t1");
        YieldThread t2 = new YieldThread("t2");
        t1.start(); t2.start();
    }
}
class YieldThread extends Thread {
    YieldThread(String s){super(s);}
    public void run(){
        for(int i =1;i<=10;i++){
            System.out.print(getName()+": "+i+"");
            if(i%2==0){
                yield();
                System.out.println();
            }
        }
    }
}
```

程序运行的结果：

```
t1: 1 t2: 1 t1: 2 t2: 2

t1: 3 t2: 3 t1: 4
t2: 4
t1: 5 t2: 5 t2: 6
t1: 6
t2: 7 t2: 8 t1: 7 t1: 8
t1: 9 t1: 10

t2: 9 t2: 10
```

8.3.4 线程优先级

从理论上讲，线程的优先级越高就越有可能先执行。操作线程的优先级有两种方法，见表 8－2。

表 8－2 线程的优先级方法

方法	主要功能
public final void setPriority(int newPriority)	设置线程的优先级
public final int getPriority()	取得线程的优先级

设置和取得优先级都是利用了一个 int 型数据的操作，而 int 型数据有 3 种取值，见表 8 - 3。

表 8 - 3　线程优先级静态量

字段	主要功能
public static final int MAX_PRIORITY	最高优先级 10
public static final int NORM_PRIORITY	中等优先级 5
public static final int MIN_PRIORITY	最低优先级 1

【例 8-6】 通过案例掌握线程优先级。

```
class PriorityThread implements Runnable {
    staticint num=0;
    public void run() {
        for (intx = 0; x< 10; x++) {
            try {
            Thread.sleep(1000);
        } catch (InterruptedException e) {
            e.printStackTrace();
        }
        System.out.print(Thread.currentThread().getName() + ", x = " + x+"");
        num++;
        if(num==3){
            num=0;
           System.out.println();
        }
      }
    }
}
public class Demo8_07 {
    public static void main(String[] args) throws Exception {
        PriorityThread mt = new PriorityThread();
        Thread t1 = new Thread(mt," 线程 1") ;
        Thread t2 = new Thread(mt," 线程 2") ;
        Thread t3 = new Thread(mt," 线程 3") ;
        t3.setPriority(Thread.MAX_PRIORITY) ;
        t1.setPriority(Thread.MIN_PRIORITY) ;
        t2.setPriority(Thread. NORM_PRIORITY) ;
        t1.start() ;
```

```
        t2.start() ;
        t3.start() ;
    }
}
```

程序运行的结果：

```
线程2, x = 0 线程1, x = 0 线程3, x = 0
线程1, x = 1 线程2, x = 1 线程3, x = 1
线程3, x = 2 线程2, x = 2 线程1, x = 2
线程3, x = 3 线程1, x = 3 线程2, x = 3
线程3, x = 4 线程1, x = 4 线程2, x = 4
线程3, x = 5 线程1, x = 5 线程2, x = 5
线程3, x = 6 线程1, x = 6 线程2, x = 6
线程3, x = 7 线程2, x = 7 线程1, x = 7
线程3, x = 8 线程1, x = 8 线程2, x = 8
线程3, x = 9 线程1, x = 9 线程2, x = 9
```

8.4 任务进阶

线程的同步机制

线程是一个独立运行的程序，有自己的专用的运行栈，线程有可能和其他线程共享一些资源，如内存、文件、数据库等。

当多个线程同时读写同一份共享可变资源的时候，可能会引起冲突，这时候就引入线程同步机制，即各线程之间要有个先来后到，不能一窝蜂挤上去抢资源。

线程同步和字面意思恰好相反，线程同步就是线程排队，采用同步机制，对可变共享资源进行排队分配。程序中，当多个线程访问共享资源的代码时，有可能是同一份代码，也有可能是不同的代码，无论是否执行同一份代码，只要这些线程的代码访问同一份可变的共享资源，这些线程之间就需要同步。

线程同步具有以下特点：

（1）只有共享资源的读写访问才需要同步。如果不是共享资源，那么就根本没有同步的必要。

（2）只有变量才需要同步访问。如果共享的资源是固定不变的，那么就相当于“常量”，线程同时读常量也不需要同步，至少一个线程修改共享资源，这样的情况下，线程之间才需要同步。

（3）Java 程序中实现线程同步，采用互斥锁标记，保证在任一时刻只能有一个线程访问该对象。用 synchronized 关键字来实现线程同步，Java 使用 synchronized 来同步代码块和方法。

1）在一个方法中，用 synchronized 声明的语句块称为同步代码块。同步代码块的语法格式如下：

```
Synchronized(synObject){
   // 需同步的代码块
}
```

Synchronized 块是这样的一个代码块，其中的代码必须获得对象 synObject 的锁方能执行。当一个线程欲进入该对象的关键代码时，jvm 将检查该对象的锁是否被其他线程获得，如果没有，则 jvm 将把该对象的锁交给当前请求锁的线程，该线程获得锁后就可以进入关键代码区域。

2）用 synchronized 声明的方法，称为同步方法。其语法格式如下：

```
Synchronized 限定修饰符 static 方法返回值 方法名（形参）{
   // 需同步的代码
}
```

Synchronized 关键字修饰的方法叫同步方法，在同一时间内，一个方法只能有一个线程运行。

【例 8-7】 利用同步语句块实现两个线程输出 0 ～ 10 的值。

```
public class Demo8_07 implements Runnable{
   public static void main(String[] args) {
      Demo8_07 t1=new Demo8_07 ();
      Thread ta=new Thread(t1,"A");
      Thread tb=new Thread(t1,"B");
      ta.start();
      tb.start();
   }
   public void run() {
      synchronized(this){
         for(inti=0;i<=10;i++){
         System.out.print(Thread.currentThread().getName()+i);
      }
      System.out.println();
      }
   }
}
```

程序运行的结果：

```
A0A1A2A3A4A5A6A7A8A9A10
B0B1B2B3B4B5B6B7B8B9B10
```

8.5 任务总结

本章介绍了什么是进程和线程，线程的实现方法和线程的常用方法，以及线程的优先级和线程的同步与控制。

在计算机操作系统中，每一个运行的程序被称作一个进程，而每个进程包含多个独立的指令序列，每个指令序列都完成特定的功能，被称为线程。

线程的实现通过创建一个类（extends Thread 类）和定义一个类来实现 Runnable 接口。

线程的常用方法有：线程休眠 sleep()，线程堵塞 join()，线程等待 yield() 等。

线程优先级：从理论上讲，线程的优先级越高，就越有可能先执行。

当多个线程同时读写同一份共享资源的时候，可能会引起冲突，这时候就引入线程同步机制，即各线程之间要有个先来后到，不能一窝蜂挤上去抢资源。

8.6 任务练习

1. 导致线程不能运行的是（　　）。

A. 等待　　B. 阻塞

C. 休眠　　D. 挂起及由于 I/O 操作而阻塞

2. 当（　　）方法终止时，能使线程进入死亡状态。

A. run　　B. setPrority

C. yield　　D. sleep

3. 用（　　）方法可以改变线程的优先级。

A. run　　B. setPrority

C. yield　　D. sleep

4. 有以下代码

```
public class Example implements Runnable {
    public void run() {
        while(true) {
        }
    }
    public static void main(String args[]) {
        Example ex1 = new Example();
        Example ex2 = new Example();
        Example ex3 = new Example();
```

```
        ex1.run();
        ex2.run();
        ex3.run();
    }
}
```

下面说法正确的是（　　）。

A. 代码编译失败，因为 ex2.run() 无法获得执行

B. 代码编译成功，存在 3 个可运行的线程

C. 代码编译成功，存在 1 个可运行的线程

5. 有以下代码

```
class Example implements Runnable {
    public static void main(String args[]) {
        Thread t = new Thread(new Example());
        t.start();
    }
    public void run(int limit) {
        for (int x = 0; x<limit; x++) {
        System.out.println(x);
        }
    }
}
```

下面说法正确的是（　　）。

A. 打印输出，从 0 至 limit

B. 无内容输出，因为没有明确调用 run() 方法

C. 代码编译失败，因为没有正确实现 Runnable 接口

D. 代码编译失败，如果声明类为抽象类，可使代码编译成功

E. 代码编译失败，如果去掉 implements Runnable，可使代码编译成功

6. 有如下代码

```
class Example {
    public static void main(String args[]) {
    Thread.sleep(3000);
    System.out.println(“sleep”);
    }
}
```

下面说法正确的是（　　）。

A. 编译出错　　　　　　　　　　B. 运行时异常

C. 正常编译运行，输出 sleep　　D. 正常编译运行，但没有内容输出

7. 开辟两个线程，一个线程来实现对一个整型数组进行排序（冒泡排序），一个线程来实现输出 1 ～ 1 000 之间的偶数值。

8. 在程序中随机产生 10 个整数，创建两个线程并发执行排序操作，分别实现对这 10 个整数进行冒泡排序和直接插入排序，输出排序的结果，并比较这两种排序算法的优劣。

9. 编写一个多线程类，该类的构造方法调用 Thread 类带字符串参数的构造方法，建立自己的线程名，然后随机生成一个休眠时间，再设置自己的线程名和休眠后的显示时间。该线程运行后，休眠一段时间，该时间就是在构造方法中生成的时间。最后编写一个测试类，创建多个不同名字的线程，并测试其运行情况。

第 9 章

JDBC 数据库编程

9.1 任务描述

现在很多程序都涉及有关数据库的操作，其中相当一部分程序还是以数据库为核心来编写整个系统的，Java 专门提供了连接和操作数据库的类与方法，我们称为 JDBC。

本章学习什么是 JDBC，JDBC 的一些常用类的使用，怎样进行 JDBC 的编程，怎样通过 JDBC 进行数据库操作。

9.2 任务目的

- 了解什么是 JDBC
- 掌握 JDBC 常用类的使用方法
- 掌握 JDBC 的编程过程
- 会通过 JDBC 进行数据库操作

9.3 任务相关知识

9.3.1 JDBC 概述（JDBC 驱动程序）

JDBC（Java Data Base Connectivity）是 Java 数据库连接，是 Java 语言访问数据库的一种规范，是一套 API 用于执行 SQL 语句的 Java API，由 java.sql、javax.sql 包组成。它由一组用 Java 编程语言编写的类和接口组成，能够用纯 Java API 来编写数据库应用程序。

Java 中 JDBC 驱动程序有 4 种：

（1）JDBC-ODBC 桥。JDBC-ODBC 是一种 JDBC 驱动程序，用于将 JDBC 中的方

法调用转换成 ODBC 中相应的方法调用，再通过 ODBC 访问数据库。由于微软推出的 ODBC 比 Sun 公司推出的 JDBC 要早，所以绝大多数的数据库都可以通过 ODBC 来访问。当 Sun 公司推出 JDBC 的时候，为了支持更多的数据库，提供了 JDBC-ODBC 桥。这样我们就可以使用 JDBC 的 API 通过 ODBC 去访问数据库。

（2）本地 API Java 驱动程序。本地 API 驱动程序（Native-API Partly-Java Driver）直接将 JDBC API 翻译成具体数据库的 API，将 JDBC 调用转换为对数据库的客户端 API 的调用。

（3）JDBC 网络纯 Java 驱动程序。Java 应用程序通过 JDBC 网络纯 Java 驱动程序将 JDBC 调用发送给应用程序服务器，应用程序服务器与数据库完成通信，从而完成请求。

（4）纯 Java 驱动。Java 应用程序通过纯 Java 驱动程序与支持 JDBC 的数据库直接通信。这种方式是效率最高的访问方式。

访问不同厂商的数据库需要不同的 JDBC 驱动程序。目前，几个主要的数据厂商（Oracle、Microsoft、Sybase 等）都提供了对 JDBC 的支持。

Java 具有坚固、安全、易于使用、易于理解和可从网络上自动下载等特性，是编写数据库应用程序的最好的语言之一。所需要的只是 Java 应用程序与各种不同数据库之间进行对话的方法，而 JDBC 正是作为此种用途的机制。应用程序、JDBC API、数据库驱动及数据库之间的关系如图 9－1 所示。

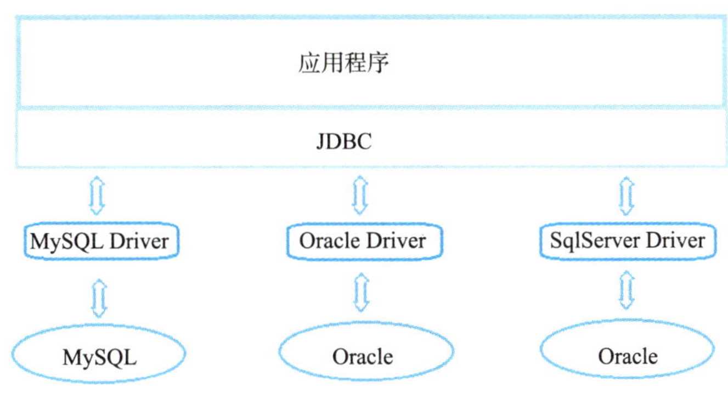

图 9－1　应用程序使用 JDBC 访问数据库方式

9.3.2　JDBC 常用接口和类

JDBC 之中的核心组成部分：DriverManager 类、Connection 接口、Statement 接口、PreparedStatement 接口、ResultSet 接口。即五个接口和一个类构成了整个 JDBC。

1. DriverManager 类

DriverManager 类用来管理数据库中的所有驱动程序，是 JDBC 的管理层，作用于用户和驱动程序之间，跟踪可用的驱动程序，并在数据库的驱动程序之间建立连接。

DriverManager 通过以下静态方法中的一种尝试从一组已注册的 JDBC 驱动程序中选择适当的驱动程序。Driver Manager 类的方法见表 9－1。

表 9－1 DriverManager 类的方法

方法	主要功能
getConnection(String url)	尝试建立与给定数据库 URL 的连接
getConnection(String url,Properties info)	尝试建立与给定数据库 URL 的连接，info 作为连接参数的任意字符串标签 / 值对的列表
getConnection(String url, String user,String password)	尝试建立与给定数据库 URL 的连接，user 为正在连接的数据库用户，password 为用户密码

```
public static final String URL = "jdbc:mysql:// localhost:3306/mydatabase";
public static final String USER = "root";
public static final String PASSWORD = "123456";
Connectionconn = DriverManager.getConnection(URL, USER, PASSWORD);
```

2. Connection 接口

Connection 接口代表与特定的数据库连接，在连接上下文中执行 SQL 语句并返回结果。Connection 的常用方法见表 9－2。

表 9－2 Connection 的常用方法

方法	主要功能
void close()	Connection 发布此 Connection 对象的数据库和 JDBC 资源，而不是等待它们自动释放
Statement createStatement()	创建一个 Statement 对象，用于将 SQL 语句发送到数据库
PreparedStatement prepareStatement(String sql)	创建一个 PreparedStatement 对象，用于将参数化的 SQL 语句发送到数据库

```
Connectionconn = DriverManager.getConnection(URL, USER, PASSWORD);
Statement stmt=conn.createStatement();
```

3. Statement 接口

Statement 接口用于在已经建立连接的基础上向数据库发送 SQL 语句。在 JDBC 中有 3 种 Statement 对象，分别是 Statement、PreparedStatement 和 CallableStatement。Statement 对象用于执行不带参数的简单的 SQL 语句；PreparedStatement 继承了 Statement，用来执行动态的 SQL 语句；CallableStatement 继承了 PreparedStatement，用来执行数据库的存储过程的调用。Statement 的常用方法见表 9－3。

表 9－3 Statement 的常用方法

方法	主要功能
ResultSet executeQuery(String sql)	执行给定的 SQL 语句，该语句返回单个 ResultSet 对象

续表

方法	主要功能
int executeUpdate(String sql)	执行给定的 SQL 语句，这可能是 INSERT，UPDATE 或 DELETE 语句，或者不返回任何内容，如 SQL DDL 语句的 SQL 语句
close()	Statement 对象的数据库和 JDBC 资源，而不是等待它自动关闭时发生

4. PreparedStatement 接口

PreparedStatement 可以对 SQL 语句进行预编译，并且可以存储在 PreparedStatement 对象中，当多次执行 SQL 语句时可以提高效率，并可以提高安全性，防止恶意 SQL。PreparedStatement 的常用方法见表 9-4。

表 9-4　PreparedStatement 的常用方法

方法	主要功能
ResultSet executeQuery()	执行此 PreparedStatement 对象中的 SQL 查询，并返回查询 PreparedStatement 的 ResultSet 对象
int executeUpdate()	执行在该 SQL 语句的 PreparedStatement 对象，它必须是一个 SQL 数据操纵语言（DML）语句，如 INSERT，UPDATE 或 DELETE；或不返回任何内容的 SQL 语句，例如 DDL 语句
close()	PreparedStatement 对象的数据库和 JDBC 资源，而不是等待它自动关闭时发生

```
stmt.executeUpdate("insert into tb_name (c1,c2,c3) values ('"+
v1+"','"+v2+"', '"+v3 +"')");
perstmt = con.prepareStatement
("insert into tb_name (col1,col2,col3) values (?,?,?)");
perstmt.setString(1,var1);
perstmt.setString(2,var2);
perstmt.setString(3,var3);
perstmt.executeUpdate();
```

5. ResultSet 接口

ResultSet 接口类似于一个临时表，用来暂时存放数据库查询操作所获得的结果集。ResultSet 实例具有指向当前数据行的指针，指针开始的位置在第一条记录的前面，通过 next() 方法可将指针向下移。ResultSet 的常用方法见表 9-5。

表 9-5　ResultSet 的常用方法

方法	主要功能
boolean next()	将光标从当前位置向前移动一行
getString(int columnIndex)	这个检索的当前行中指定列的值，ResultSet 对象为 String 的 Java 编程语言

续表

方法	主要功能
getString(String columnLabel)	这个检索的当前行中指定列的值，ResultSet 对象为 String 的 Java 编程语言
close()	ResultSet 释放此 ResultSet 对象的数据库和 JDBC 资源，而不是等待其自动关闭时发生

```
ResultSet rs=stmt.executeQuery("select * from userOne");
while(rs.next()){
System.out.println(rs.getString(1));
}
rs.close();
```

9.3.3 JDBC 编程步骤

通过 JDBC 为多种关系数据库提供统一访问，它由一组用 Java 语言编写的类和接口组成。JDBC 提供了一种基准，据此可以构建更高级的工具和接口，使数据库开发人员能够编写数据库应用程序。下面以 Java 程序如何连接 MySQL 数据库为例来介绍 JDBC 连接 MySQL 数据库操作的步骤。

在使用 JDBC 编程之前，要安装 MySQL 数据库，设置用户名为 root，设置密码为 123456，再建立数据库 mydatabase，之后再在 mydatabase 数据库下建立表 student，作为本章所有案例使用。student 中的字段和内容分别见表 9 - 6 和表 9 - 7。

表 9 - 6　student 中的字段

字段名	类型	长度	能否为空	主键
ID	int	8	否	是
Name	varchar	10	否	—
sex	char	1	否	—
major	varchar	20	否	—
phone	int	13	能	—
Email	varchar	30	能	—

表 9 - 7　student 中的内容

ID	Name	sex	major	phone	Email
20180101	赵锦毫	男	电子学与信息系统	1556545645	[illegible]@163.com
20180102	赵业超	男	计算机软件	1756454534	[illegible]@qq.com
20180103	陈泊芝	女	计算机及应用	1434534435	[illegible]@163.com
20180104	赵广然	男	矿物岩石材料学	1437878678	[illegible]@qq.com

续表

ID	Name	sex	major	phone	Email
20180105	李馨漫	女	微电子学	1463874546	[illegible]@163.com
20180106	赵　强	男	电子学与信息系统	1378548784	[illegible]@qq.com
20180107	赵诚晨	男	矿物岩石材料学	1297868976	[illegible]@163.com
20180108	李长白	男	计算机软件	1310786745	[illegible]@qq.com
20180109	陈泊依	女	计算机软件	1767832428	[illegible]@qq.com
20180110	王洋平	男	微电子学	1437652344	[illegible]@qq.com
20180111	王显茹	女	微电子学	1438573237	[illegible]@163.com
20180112	李风念	男	电子学与信息系统	1437837425	[illegible]@qq.com
20180113	赵丽凡	女	矿物岩石材料学	1742377824	[illegible]@qq.com
20180114	王白诗	女	计算机软件	1786378324	[illegible]@qq.com
20180115	李雄继	男	计算机软件	1475327836	[illegible]@163.com
20180116	王　哲	男	计算机软件	1327853847	[illegible]@163.com
20180117	李茹倩	女	计算机及应用	1727487338	[illegible]@163.com
20180118	王雅腾	女	矿物岩石材料学	1483742788	[illegible]@qq.com
20180119	赵婉娴	女	计算机软件	1723778786	[illegible]@qq.com
20180120	王中齐	男	电子学与信息系统	1893438963	[illegible]@qq.com

1. 注册驱动

为了能让 Java 操作数据库，必须要有实现 JDBC 接口的类，而不同的数据库厂商为了让 Java 语言能够操作自己的数据库，都提供了对 JDBC 接口的实现类，这些实现了 JDBC 接口的类打成一个 jar 包，就是我们平时看到的数据库驱动。由于不同的数据库操作数据的机制不一样，因此 JDBC 的具体实现也就千差万别。

JDBC 为数据库应用开发人员和数据库前台工具开发人员提供了一种标准的应用程序设计接口，使开发人员可以用纯 Java 语言编写完整的数据库应用程序。

（1）JDBC 驱动程序。

JDBC 驱动是 JDBC API 接口的具体实现，不同数据库的实现细节不同。关于驱动类型（4 种类型），一般优先使用纯 Java 的驱动，以获得更好的效率。

部分数据库的驱动类名见表 9－8。

表 9－8　部分数据库的驱动类名

数据库	驱动程序包名	驱动类的名字	JDBC URL
SQL Server	msbase.jar mssqlserver.jar msutil.jar	com.microsoft.jdbc.sqlserver.SQLServerDriver	jdbc:microsoft:sqlserver://localhost:1433;DatabaseName=dbname

续表

数据库	驱动程序包名	驱动类的名字	JDBC URL
Oracle	ojdbc14.jar	oracle.jdbc.driver.OracleDriver	jdbc:oracle:thin:@127.0.0.1:1521:dbname
MySQL	mysql-connector-java-3.1.11-bin.jar	com.mysql.jdbc.Driver	jdbc:mysql://localhost:3306/mydb

（2）注册 JDBC 驱动程序连接数据库。

在注册 JDBC 之前一定要导入驱动类的架包，例如注册 JDBC 驱动程序连接 MySQL 数据库之前要导入驱动类的架包：

mysql-connector-java-3.1.11-bin.jar

在 Java 里面，任何 class 都要装载在虚拟机上才能运行。这句话就是装载类用的。Class.forName(name)；name 是一个字符串，而这个字符串也就是要注册 JDBC 驱动程序连接的数据库的驱动类的名字。

例如，注册 JDBC 驱动程序连接 MySQL 数据库：

```
Class.forName("com.mysql.jdbc.Driver");
```

2. 和数据库建立连接

通过 DriverManager 取得 Connection 对象之后，实际上就表示数据库连接上了。连接上数据库就可以进行数据库的更新及查询操作了，但是操作完成之后，数据库连接也必须要关闭。例如，使用 Java 中的 JDBC 与 MySQL 数据库连接：

```
public static final String DBURL = "jdbc:mysql:// localhost:3306/ mydatabase ";
Connection conn=
DriverManager.getConnection(DBURL,"user name","password");
```

3. 创建执行 SQL 对象与执行语句（发送 SQL 语句）

通过连接对象 Connection 获取可以执行 SQL 语句的对象 Statement，然后创建执行 SQL 的对象 Statement。

```
Statement stmt=conn.createStatement();
ResultSet rs=stmt.executeQuery(sql);
// 参数为 sql 语句
```

通过连接对象 Connection 获取已创建 SQL 语句的对象 PreparedStatement，然后执行 SQL 语句。

```
PreparedStatment  ps=conn.prepareStatement(sql);
// 参数为 sql 语句
ResultSet rs=ps.executeQuery();
```

4. 处理数据库返回的结果

ResultSet 接口通常用于保存数据库的结果集。ResultSet 的常用方法见表 9－9。

```
ResultSet rs=stm.executeQuery( 查询语句 );
```

表 9－9　ResultSet 的常用方法

方法	主要功能
next()	将指针从当前位置向下移一行
getInt(int columnIndex)	columnIndex 是字段的序号，第一个字段（列）是 1，第二个字段（列）是 2
getInt(String columnName)	columnName 是字段名称

注：查询后，ResultSet 的默认当前位置是 0 行，要将当前位置移到第一行则要调用 next() 方法。

```
public void select(){
  try{
    ResultSet rs=stmt.executeQuery("select * from student");
    while(rs.next()){
      System.out.print(rs.getInt("ID")+"\t");
      System.out.print(rs.getString("Name"));
      System.out.println();
    }
  }catch(SQLExceptione){
    System.out.println(" 数据库访问错误 "+e);
  }
}
```

5. 释放资源（关闭连接）

```
public static void closeConnection(ResultSet rs,
           Statement stmt,Connection con) {
  try {
    if (rs != null) {
      rs.close();
  }
    if (stmt != null) {
```

```
            stmt.close();
        }
        if (con != null) {
            con.close();
        }
    }catch (SQLException e) {
        e.printStackTrace();
    }
}
```

【例 9-1】 通过案例掌握使用 JDBC 完成数据库编程的步骤。

```
import java.sql.*;
public class Demo9_01 {
    public static final String DBDRIVER = "com.mysql.jdbc.Driver";
public static final String DBURL = "jdbc:mysql:// localhost:3306/mydatabase"
    +"?characterEncoding=utf8&useSSL=true";
public static final String DBUSER = "root";
public static final String PASSWORD = "123456";
public static void main(String[] args) throws Exception {
        Connection conn = null;          // 每一个 Connection 对象表示一个数据库连接
        Statement stmt = null;           // 数据库操作对象
        Class.forName(DBDRIVER);         // 加载驱动程序
        conn = DriverManager.getConnection(DBURL, DBUSER, PASSWORD);
         stmt = conn.createStatement(); // 找到 Statement 接口对象
         String sql = "SELECT * FROM student where sex=' 女 '";
         ResultSet rs = stmt.executeQuery(sql); // 查询
         System.out.println("     学号     姓名     性别     专业     "
        +"      电话        Email");
        while (rs.next()){
            int id = rs.getInt("ID");
            String name = rs.getString("Name");
            String sex = rs.getString("sex");
            String major=rs.getString("major");
            int phone=rs.getInt("phone");
            String email=rs.getString("Email");
            System.out.println(+id+ "" + name +"    "
                + sex+""+major+""+phone+"    "+email);
        }
        rs.close();
```

```
        stmt.close();                    // 关闭操作，如果不关闭操作，关闭连接也是一样的
        conn.close();                    // 关闭连接
    }
}
```

程序运行的结果：

```
学号        姓名    性别   专业              电话           Email
20180103  陈泊芝   女   计算机软件          1434534435   [illegible]@163.com
20180105  李馨漫   女   矿物岩石材料学      1463874546   [illegible]@163.com
20180109  陈泊依   女   计算机软件          1767832428   [illegible]@qq.com
20180111  王显茹   女   微电子学            1438573237   [illegible]@163.com
20180113  赵丽凡   女   电子学与信息系统    1742377824   [illegible]@qq.com
20180114  王白诗   女   矿物岩石材料学      1786378324   [illegible]@qq.com
20180117  李茹倩   女   计算机软件          1727487338   [illegible]@163.com
20180118  王雅腾   女   计算机及应用        1483742788   [illegible]@qq.com
20180119  赵娴娴   女   矿物岩石材料学      1723778786   [illegible]@qq.com
```

9.3.4 JDBC-ODBC 编程步骤

讲完使用 JDBC 完成 MySQL 数据库编程的步骤后，接下来讲解使用 JDBC-ODBC 完成 MySQL 数据库编程的步骤。通过 JDBC-ODBC 连接 MySQL 数据库，与 JDBC 直接连接数据库差异不大。

1. JDBC-ODBC 连接 MySQL 数据库操作的步骤

（1）打开控制面板下的管理工具中的 ODBC 数据源（根据数据库安装的不同，选择 32 位 ODBC 数据源或 64 位 ODBC 数据源），如图 9－2 所示。

主页　共享　查看

控制面板 › 所有控制面板项 › 管理工具　　搜索"管理工具"

名称	修改日期	类型	大小
iSCSI 发起程序	2017/9/29 21:41	快捷方式	2 KB
ODBC 数据源(32 位)	2017/9/29 21:42	快捷方式	2 KB
ODBC 数据源(64 位)	2017/9/29 21:41	快捷方式	2 KB
Windows 内存诊断	2017/9/29 21:42	快捷方式	2 KB
磁盘清理	2017/9/29 21:41	快捷方式	2 KB
服务	2017/9/29 21:42	快捷方式	2 KB
高级安全 Windows Defender 防火墙	2017/9/29 21:41	快捷方式	2 KB
恢复驱动器	2017/9/29 21:42	快捷方式	2 KB
计算机管理	2017/9/29 21:41	快捷方式	2 KB
任务计划程序	2017/9/29 21:42	快捷方式	2 KB
事件查看器	2017/9/29 21:41	快捷方式	2 KB
碎片整理和优化驱动器	2017/9/29 21:41	快捷方式	2 KB
系统配置	2017/9/29 21:41	快捷方式	2 KB
系统信息	2017/9/29 21:42	快捷方式	2 KB
性能监视器	2017/9/29 21:41	快捷方式	2 KB
资源监视器	2017/9/29 21:41	快捷方式	2 KB
组件服务	2017/9/29 21:41	快捷方式	2 KB

图 9－2　管理工具 ODBC 中的数据源

（2）在用户 DSN 下单击"添加"按钮，如图 9－3 所示。

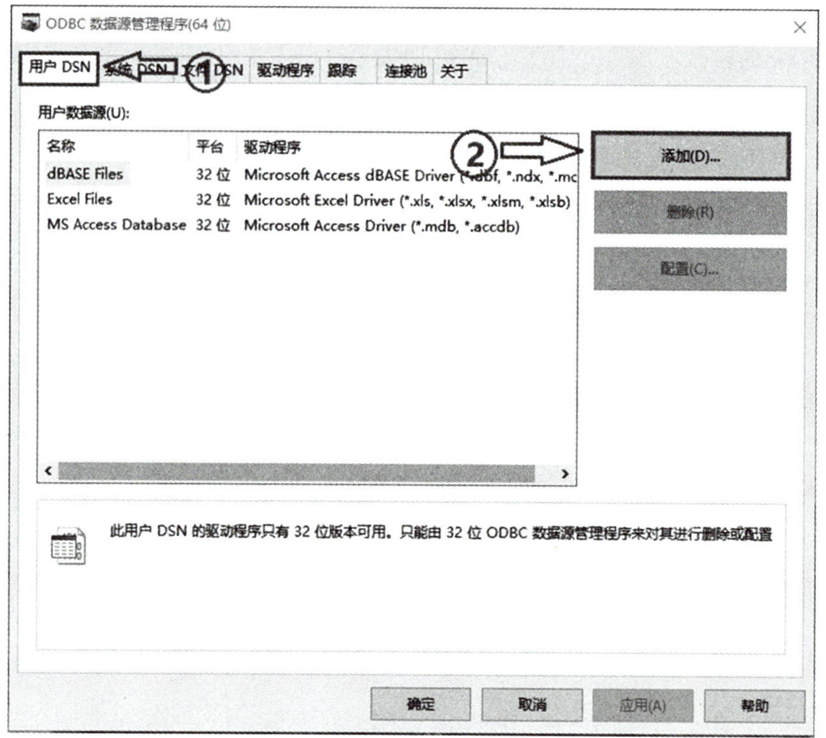

图 9－3　ODBC 数据源用户 DSN

（3）选择：MySQL ODBC 8.0ANSI Driver，单击“完成”按钮，如图 9－4 所示。

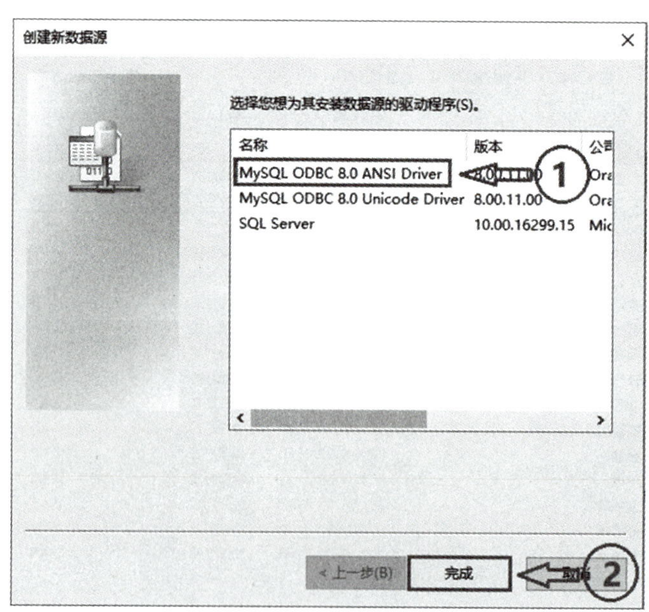

图 9－4　ODBC 创建新的数据源

（4）看见用户 DSN 中有 MySQL，单击“确定”按钮，如图 9－5 所示。

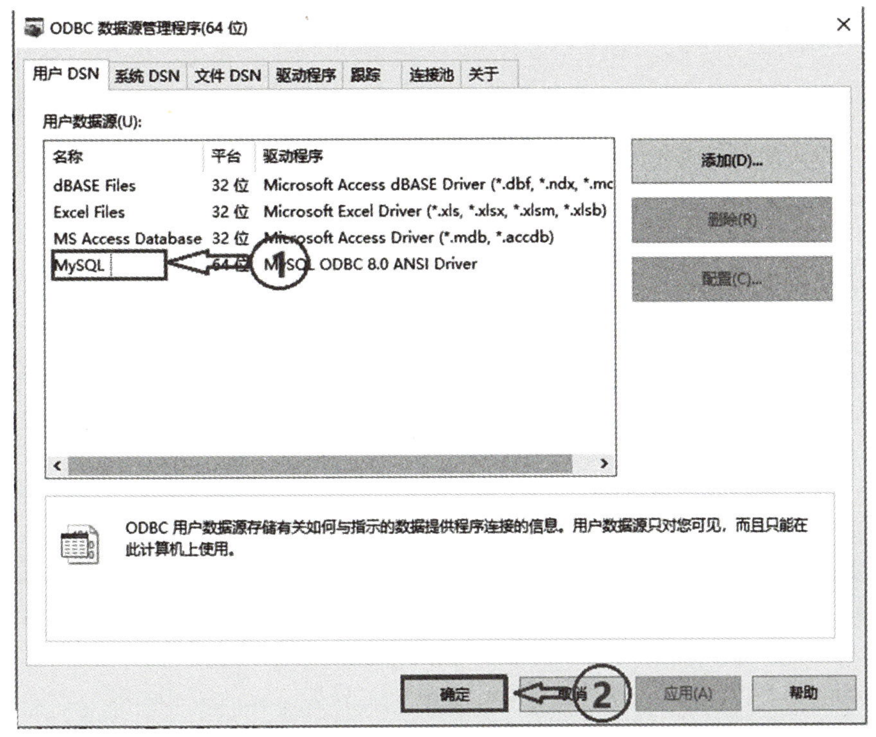

图 9－5　ODBC 添加 MySQL 数据源

2. 使用 JDBC-ODBC 完成 MySQL 数据库编程的步骤

（1）注册 JDBC-ODBC 驱动程序连接数据库。

注册 JDBC-ODBC 驱动程序为：sun.jdbc.odbc.JdbcOdbcDriver。

注册 JDBC-ODBC 驱动程序连接数据库与 JDBC 连接数据库一样，使用的是 Class.forName(name)；而不同的是 name 字符串。JDBC 连接数据库的这个字符串也就是要注册 JDBC 驱动程序连接的数据库的驱动类的名字，而 JDBC-ODBC 连接数据库的这个字符串只能使用一种：sun.jdbc.odbc.JdbcOdbcDriver。

```
Class.forName("sun.jdbc.odbc.JdbcOdbcDriver ");
```

（2）和数据库建立连接。

JDBC-ODBC 连接数据库也是通过 DriverManager 取得 Connection 对象之后，不同的是连接使用的 URL。JDBC 使用的 URL 是根据连接的数据库不同而不同；而 JDBC-ODBC 连接数据库使用的 URL 是 ODBC 数据源管理器中建立的数据源名称 Data Source Name。例如，下面使用 Java 中的 JDBC-ODBC 与 MySQL 数据库连接：

```
public static final String DBURL = "jdbc:odbc:MySQL ";
Connection conn=
```

```
DriverManager.getConnection(DBURL,"user name","password");
```

JDBC-ODBC 连接数据库后面的步骤与 JDBC 连接数据库后面的步骤基本相同。

【例 9-2】 通过案例掌握使用 JDBC-ODBC 完成数据库编程的步骤。

```
import java.sql.*;
public class Demo9_02 {
    public static final String DBDRIVER = "sun.jdbc.odbc.JdbcOdbcDriver";
    public static final String DBURL = "jdbc:odbc:MySQL";
    public static final String DBUSER = "root";
    public static final String PASSWORD = "123456";
    public static void main(String[] args) throws Exception{
        Connection conn = null;                    // 每一个 Connection 对象表示一个数据库连接
        Statement stmt = null;                     // 数据库操作对象
        Class.forName(DBDRIVER);                   // 加载驱动程序
        conn = DriverManager.getConnection(DBURL, DBUSER, PASSWORD);
        stmt = conn.createStatement();             // 找到 Statement 接口对象
        String sql = "SELECT * FROM student where sex=' 男 '";
        ResultSet rs = stmt.executeQuery(sql);    // 查询
        System.out.println("     学号     "
                +"     姓名     "
                 +"     性别     "
                +"     专业     "
                +"     电话     "
                 +"     Email");
        while (rs.next()){
            int id = rs.getInt("ID");
            String name = rs.getString("Name");
            String sex = rs.getString("sex");
            String major=rs.getString("major");
            int phone=rs.getInt("phone");
            String email=rs.getString("Email");
            System.out.println(+id+ "" + name +""
                + sex+""+major+""+phone+""+email);
        }
        rs.close();
        stmt.close();                              // 关闭操作，如果不关闭操作，关闭连接也是一样的
        conn.close();                              // 关闭连接
    }
}
```

程序运行的结果：

学号	姓名	性别	专业	电话	Email
20180101	赵锦鸾	男	电子学与信息系统	1556545645	[illegible]163.com
20180102	赵业超	男	计算机软件	1756454534	[illegible]qq.com
20180104	赵广然	男	矿物岩石材料学	1437878678	[illegible]qq.com
20180106	赵　强	男	电子学与信息系统	1378548784	[illegible]qq.com
20180107	赵诚晨	男	矿物岩石材料学	1297868976	[illegible]163.com
20180108	李长白	男	计算机软件	1310786745	[illegible]qq.com
20180110	王洋平	男	微电子学	1437652344	[illegible]qq.com
20180112	李风念	男	电子学与信息系统	1437837425	[illegible]qq.com
20180115	李雄继	男	计算机软件	1475327836	[illegible]163.com
20180116	王　哲	男	计算机软件	1327853847	[illegible]163.com
20180120	王中齐	男	电子学与信息系统	1893438963	[illegible]qq.com

9.4 任务进阶

JDBC 数据库操作

下面简单讲解 JDBC 连接 MySQL 数据库及对 MySQL 数据库的增删改查操作。

1. 查询操作

查询应该返回数据给用户浏览，所以在进行整个查询的操作中，就必须有一种结构可以装下整个的查询结果，而这个结构就用 ResultSet 表示。

当所有的记录返回到 ResultSet 的时候，所有的内容都是按照数据类型存放的，所以用户只需要按照数据类型一行行地取出数据即可。

【例 9-3】 通过案例掌握使用 ResultSet 取出数据的方法。

```
import java.sql.*;
public class Demo9_03 {
    public static final String DBDRIVER = "com.mysql.jdbc.Driver";
    public static final String DBURL = "jdbc:mysql:// localhost:3306/mydatabase"
    +"?characterEncoding=utf8&useSSL=true";
    public static final String DBUSER = "root";
    public static final String PASSWORD = "123456";
    public static void main(String[] args) throws Exception {
        Connection conn = null;
        Statement stmt = null;
        Class.forName(DBDRIVER);
        conn = DriverManager.getConnection(DBURL, DBUSER, PASSWORD);
        stmt = conn.createStatement();
        String sql = "SELECT * FROM student where sex=' 男 '";
        ResultSet rs = stmt.executeQuery(sql);
        System.out.println("    学号          姓名   性别   专业     "
        +"          电话          Email");
        while (rs.next()){
            int id = rs.getInt("ID");
```

```
                String name = rs.getString("Name");
                String sex = rs.getString("sex");
                String major=rs.getString("major");
                int phone=rs.getInt("phone");
                String email=rs.getString("Email");
                System.out.println(+id+ "" + name +"    "
                    + sex+""+major+""+phone+"    "+email);
            }
            rs.close();
            stmt.close();
            conn.close();
        }
    }
```

程序运行的结果：

学号	姓名	性别	专业	电话	Email
20180102	赵业超	男	电子学与信息系统	1756454534	[illegible]@qq.com
20180104	赵广然	男	计算机及应用	1437878678	[illegible]@qq.com
20180106	赵　强	男	微电子学	1378548784	[illegible]@qq.com
20180107	赵诚晨	男	电子学与信息系统	1297868976	[illegible]@163.com
20180108	李长白	男	矿物岩石材料学	1310786745	[illegible]@qq.com
20180110	王洋平	男	计算机软件	1437652344	[illegible]@qq.com
20180112	李风念	男	微电子学	1437837425	[illegible]@qq.com
20180115	李雄继	男	计算机软件	1475327836	[illegible]@163.com
20180116	王　哲	男	计算机软件	1327853847	[illegible]@163.com
20180120	王中齐	男	计算机软件	1893438963	[illegible]@qq.com

2. 更新、添加和删除操作

在数据的更新操作中，如果已经成功执行了数据的更新，一定会返回更新行数的。要想执行数据表操作，在 Java 中可以使用 Statement 接口来完成，但是要想取得 Statement 接口对象的话，必须依靠 Connection 接口来完成，通过 Connection 接口中定义了的 executeUpdate(String sql) 方法完成更新、添加和删除操作。

【例 9-4】 通过案例掌握数据库表的数据插入操作。SQL 语法格式如下：

INSERT INTO 表名称（字段，字段，…）VALUES（值，值，…）;

```
import java.sql.*;
public class Demo9_04 {
    public static final String DBDRIVER = "com.mysql.jdbc.Driver";
    public static final String DBURL = "jdbc:mysql:// localhost:3306/mydatabase"
    +"?characterEncoding=utf8&useSSL=true";
    public static final String DBUSER = "root";
    public static final String PASSWORD = "123456";
    public static void main(String[] args) throws Exception {
        Connection conn = null;
        Statement stmt = null;
        Class.forName(DBDRIVER);
```

```
        conn = DriverManager.getConnection(DBURL, DBUSER, PASSWORD);
        stmt = conn.createStatement();
        String sql = "INSERT INTO student (Name,sex,major,phone,Email)"
        +" VALUES (' 萧风 ',' 男 ',' 计算机及应用 ',1327853456, ' @qq.com')";
        int num = stmt.executeUpdate(sql);
        System.out.println(" 更新行数： " + num);
        stmt.close();
        conn.close();
    }
}
```

程序运行的结果：

```
更新行数：1
```

【例 9-5】 通过案例掌握数据库表的更新操作。SQL 语法格式如下：

UPDATE 表名称 SET 字段 = 值，字段 = 值，…[WHERE 更新条件 (s)]；

```
import java.sql.*;
public class Demo9_05 {
    public static final String DBDRIVER = "com.mysql.jdbc.Driver";
    public static final String DBURL = "jdbc:mysql:// localhost:3306/mydatabase"
    +"?characterEncoding=utf8&useSSL=true";
    public static final String DBUSER = "root";
    public static final String PASSWORD = "123456";
    public static void main(String[] args) throws Exception {
        Connection conn = null;
        Statement stmt = null;
        Class.forName(DBDRIVER);
        conn = DriverManager.getConnection(DBURL, DBUSER, PASSWORD);
         stmt = conn.createStatement();
        String sql = "UPDATE student SET name=' 张龙 ',sex=' 男 ' WHERE id=20180105";
        int num = stmt.executeUpdate(sql);
        System.out.println(" 更新行数： " + num);
        stmt.close();
        conn.close();
    }
}
```

程序运行的结果：

```
更新行数：1
```

【例 9-6】 通过案例掌握数据库表的删除操作。SQL 语法格式如下：

DELETE FROM 表名称 WHERE 删除条件 ;

```
import java.sql.*;
public class Demo9_06 {
    public static final String DBDRIVER = "com.mysql.jdbc.Driver";
    public static final String DBURL = "jdbc:mysql:// localhost:3306/mydatabase"
    +"?characterEncoding=utf8&useSSL=true";
    public static final String DBUSER = "root";
    public static final String PASSWORD = "123456";
    public static void main(String[] args) throws Exception {
        Connection conn = null;
        Statement stmt = null;
        Class.forName(DBDRIVER);
        conn = DriverManager.getConnection(DBURL, DBUSER, PASSWORD);
         stmt = conn.createStatement();
        String sql = "DELETE FROM student WHERE id=20180115";
        int num = stmt.executeUpdate(sql);
        System.out.println(" 更新行数：" + num);
        stmt.close();
        conn.close();
    }
}
```

程序运行的结果：

```
更新行数：1
```

9.5 任务总结

本章介绍了 JDBC 的一些常用类的使用方法，以及如何进行 JDBC 的编程和通过 JDBC 进行数据库操作等。

JDBC 为工具 / 数据库开发人员提供了一个标准的 API，使他们能够用纯 Java API 来编写数据库应用程序。

本章讲解了 DriverManager 类、Connection 接口、Statment 接口以及 PreparedStatement 接口、ResultSet 接口的常用方法和作用。

JDBC 的编程步骤分以下 6 步：注册驱动、数据库建立连接、创建执行 SQL 对象、发送 SQL 语句、处理数据库返回的结果和关闭连接。

9.6 任务练习

1. 要使用 Java 程序访问数据库，则必须首先与数据库建立连接，在建立连接前，应加载数据库驱动程序，该语句为（　　）。

A. Class.forName("sun.jdbc.odbc.JdbcOdbcDriver")

B. DriverManage.getConnection("","","")

C. Result rs= DriverManage.getConnection("","","").createStatement()

D. Statement st= DriverManage.getConnection("","","").createStaement()

2. 要使用 Java 程序访问数据库，与数据库建立连接时的语句为（　　）。

A. Class.forName("sun.jdbc.odbc.JdbcOdbcDriver")

B. DriverManage.getConnection("","","")

C. Result rs= DriverManage.getConnection("","","").createStatement()

D. Statement st= DriverManage.getConnection("","","").createStaement()

3. Java 程序与数据库连接后，需要查看某个表中的数据，使用的语句为（　　）。

A. executeQuery()　　　　B. executeUpdate()

C. executeEdit()　　　　D. executeSelect()

4. 为了获取远程主机的文件内容，当创建 URL 对象后，需要使用哪个方法获取信息？（　　）

A. getPort()　　　　B. getHost

C. openStream()　　　　D. openConnection()

5. 建立一个 MySQL 数据库 student，该数据库中有一个 user 表，该表中至少有两个属性，一个是用户名，另一个是密码；建立一个登录界面，该界面上有两个按钮，一个是登录按钮，另一个是注册按钮；有两个文本框，在文本框中输入密码和用户名，与数据库 user 表相比较，如果有相关记录，则显示登录成功对话框，否则显示登录错误对话框；点击"注册"按钮后会把输入的相关用户名和密码写入数据库中并显示写入成功对话框。

6. 编写一个数据库程序，数据库 student 表（字段：ID, Name, JavaScore, PHPScore），实现录入学生成绩、修改学生成绩和查询学生成绩的功能。

7. 编写一个数据库程序，完成登录页面的实现。登录界面自行设计，用户输入的用户名和密码与数据库表中登记的用户名和密码相一致，则进入主界面，否则显示用户名或密码错误信息。

第 10 章

网络编程

10.1 任务描述

本章先学习网络编程的一些基础知识，包括 IP 地址、端口号、Socket 原理、TCP、UDP 协议等相关内容，以及网络编程的原理和步骤，然后讲解基于 TCP、UDP 协议的网络编程案例。

10.2 任务目的

- 掌握网络编程的一些基础知识
- 了解网络编程的原理
- 掌握基于 TCP 协议的网络编程
- 掌握基于 UDP 协议的网络编程

10.3 任务相关知识

网络编程指的是通过网络进行程序数据操作。既然是网络开发，那么就一定分为用户和服务两端，而这两个端的开发实际上就有以下两种不同的架构：

（1）C/S（Client/Server）：要开发两套程序，一套是服务器端，另一套是与之对应的客户端。此类程序安全性好，但是这种程序在日后进行维护的时候需要维护两套程序，而且客户端的程序更新也必须及时。

（2）B/S（Browser/Server）：要开发一套程序，只开发服务器端的，客户端使用浏览器进行访问。这种程序在日后进行维护的时候只需要维护服务器端即可，客户端不需要做任何修改。此类程序使用公共端口，包括公共协议，所以安全性很差。

如果从网络的开发而言，大的分类是以上两类，可是从实际开发情况来讲，更多的是针对 B/S 程序进行的开发，或者可以这么理解：B/S 程序的开发属于网络时代，而 C/S 程序的开发属于单机时代。而对于 WebService 的开发也属于 B/S 结构的程序（跨平台）。

在进行 Android 开发的时候，如果要考虑使用 Socket 的安全性和方便性，还是要基于 Web 开发。对于网络的开发，在 Java 中也分为两种：TCP（传输控制协议，可靠的传输）和 UDP（数据报协议）。

10.3.1 网络编程基础知识

网络编程的目的是直接或间接地通过网络协议与其他计算机进行通信。网络编程中有两个主要的问题，一个是如何准确地定位网络上一台或多台主机，另一个就是找到主机后如何可靠高效地进行数据传输。在 TCP/IP 协议中，IP 层主要负责网络主机的定位，数据传输的路由，由 IP 地址可以唯一地确定 Internet 上的一台主机。而 TCP 层则提供面向应用的可靠的或非可靠的数据传输机制。目前较为流行的网络编程模型是客户机 / 服务器（C/S）结构，即通信双方一方作为服务器等待客户提出请求并予以响应。客户则在需要服务时向服务器提出申请。服务器一般为守护进程而始终运行，监听网络端口，一旦有客户请求，就会启动一个服务进程来响应该客户，同时自己继续监听服务端口，使后来的客户也能及时得到服务。网络编程涉及以下几个概念。

1. 通信协议

计算机网络中实现通信必须遵循一些约定，这些约定被称为通信协议。通信协议负责对传输速率、传输代码、代码结构、传输控制步骤、出错控制等制定处理标准。网络通信协议有很多种，目前应用最广泛的是 TCP/IP 协议（Transmission Control Protocol/Internet Protocol）、UDP 协议（User Datagram Protocol）、ICMP 协议（Internet Control Message Protocol）和其他一些协议的协议组。本章涉及 TCP 协议和 UDP 协议。

TCP 是传输控制协议，是一种面向连接的保证可靠传输的协议。通过 TCP 协议传输，得到的是一个顺序的、无差错的数据流。客户端和服务器端每次建立数据连接都要经过“三次握手”。三次握手协议指的是在发送数据的准备阶段，服务器端和客户端之间需要进行三次交互：第一次握手，客户端发送 SYN 包 (syn=j) 到服务器，并进入 SYN_SEND 状态，等待服务器确认；第二次握手，服务器收到 SYN 包，必须确认客户的 SYN（ack=j+1），同时自己也发送一个 SYN 包（syn=k），即 SYN+ACK 包，此时服务器进入 SYN_RECV 状态；第三次握手，客户端收到服务器的 SYN+ACK 包后，向服务器发送确认包 ACK(ack=k+1)，此包发送完毕，客户端和服务器进入 ESTABLISHED 状态，此时完成了三次握手。连接建立后，客户端和服务器就可以开始进行数据传输了。

UDP 是 User Datagram Protocol（用户数据报协议）的简称，是一种无连接的、不可靠的协议。每个数据包都是一个独立的信息，包括完整的源地址或目的地址，它在网络上以任何可能的路径传往目的地，因此能否到达目的地、到达目的地的时间以及内容的正确性都是不能被保证的。但是这个协议的速度却比较快，所以在现在网络基础设施越来越好的情况下，使用 UDP 协议的应用程序也越来越多。

（1）IP 地址。

IP 地址标识 Internet 上的计算机。知道了网络中某一台主机的 IP 地址，就可以定位这台计算机，通过这种地址标识，网络中的计算机可以相互定位和通信，通常采用 IPV4、IPV6 两种格式。

（2）Port 端口号。

Port 端口号是计算机输入输出信息的接口，端口是在网络通信时同一主机上的不同进程的标识，标识正在计算机上运行的进程（程序）。端口号被规定为一个 16 位的整数 0 ～ 65535，其中，0 ～ 1023 被预定义的服务通信占用，应该使用 1024 ～ 65535 这些端口中的某一个进行通信。每个程序负责监听本机上的一个端口。

（3）套接字 Socket。

套接字是用来描述 IP 地址和端口的，可以把它看成一个通信端点。Socket 实际是传输层供给应用层的编程接口。Socket 就是应用层与传输层之间的桥梁。使用 Socket 编程可以开发客户机和服务器应用程序，可以在本地网络上进行通信，也可通过 Internet 在全球范围内通信，Socket 连接示意图如图 10－1 所示。

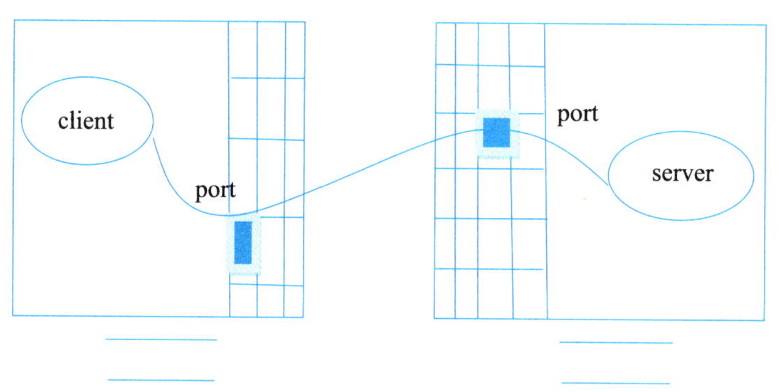

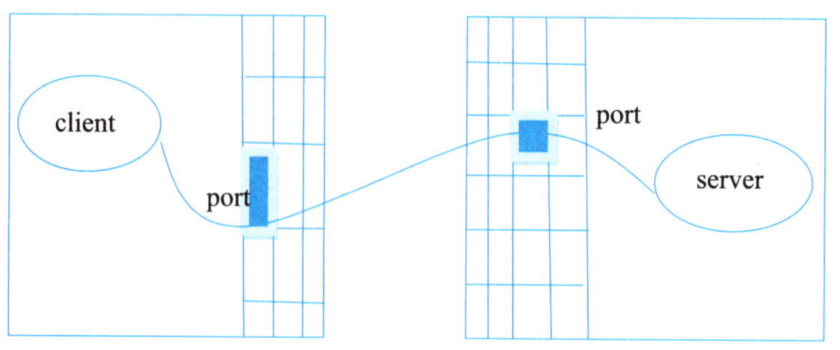

图 10－1　Socket 连接示意图

创建客户端 Socket 的时候，Socket=new Socket(“218:198:118:108”，80);Socket 连接到 IP 地址是 218:198:118:108，服务器端口 80 的服务器上。同时会自动生成一个本地端口号，该端口号和服务器端口号建立一条通信链路。

套接字是由 IP 地址和端口号组成的，简单解释一下，假设你的电脑上有两个程序都在运行，并且都从服务器端读取数据，一个是 A，另一个是 B，现在 A 的服务器和 B 的服务器同时发来数据，怎么判断接收到的网络数据是给哪一个程序使用的呢？这就是端口的作用了！每个程序负责监听本机上的一个端口，这样就可以从这个端口读取数据了，这样数据就不会混乱。

本地端口号和服务器端端口号不一致。

（4）URL。

protocol://resourceName

协议名（protocol）指明获取资源所使用的传输协议，如 http、ftp、gopher、file 等。资源名（resourceName）则是资源的完整地址，包括主机名、端口号、文件名或文件内部的一个引用。例如：

http://www.sun.com/

协议名 :// 主机名

http://home.netscape.com/home/welcome.html

协议名 :// 机器名＋文件名

http://www.gamelan.com:80/Gamelan/network.html#BOTTOM

协议名 :// 机器名＋端口号＋文件名＋内部引用

10.3.2　网络编程原理

网络上的两个程序通过一个双向的通信连接实现数据的交换，这个双向链路的一端称为一个 Socket。Socket 通常用来实现客户方和服务方的连接。Socket 是 TCP/IP 协议的一个十分流行的编程界面，一个 Socket 由一个 IP 地址和一个端口号唯一确定。但是，Socket 所支持的协议种类也不只是 TCP/IP 一种，因此两者之间是没有必然联系的。在 Java 环境下，Socket 编程主要是指基于 TCP/IP 协议的网络编程。

要想实现网络机器间的通信，首先得来看看计算机系统网络通信的基本原理。在底层层面看，网络通信需要做的就是将流从一台计算机传输到另外一台计算机，基于传输协议和网络 I/O 来实现，其中传输协议比较出名的有 http、tcp、udp 等，http、tcp、udp 都是为某类应用场景而定义的传输协议，网络 I/O 主要有 bio、nio、aio 3 种方式。所有的分布式应用通信都基于这个原理而实现，只是为了应用的易用，各种语言通常都会提供一些更为贴近应用且易用的应用层协议。

TCP/IP 服务器端应用程序是通过 Java 语言中提供的 ServerSocket 和 Socket 两个有

关网络的类来实现的。而 ServerSocket 类除了建立一个 Server 之外，还通过 accept() 方法提供了随时监听客户端连接请求的功能，它的构造方法有以下两种：

```
ServerSocket(int port)
ServerSocket(int port,int backlog)
```

其中，port 是指连接中对方的端口号，backlog 则表示服务器端所能支持的最大连接数。

Java 中的网络通信是通过 Socket 实现的，Socket 分为 ServerSocket 和 Socket 两大类。ServerSocket 用于服务器端，可以通过 accept 方法监听请求，监听请求后返回 Socket，Socket 用于完成具体数据传输，客户端也可以使用 Socket 发起请求并传输数据。ServerSocket 的使用可以分为以下 3 步：

（1）创建 ServerSocket。ServerSocket 的构造方法有 5 种，其中最方便的是 ServerSocket(int port)，只需要一个 port 就可以了。

（2）调用创建出来的 ServerSocket 中的 accept 方法进行监听。accept 方法是阻塞方法，也就是说，调用 accept 方法后程序会停下来等待连接请求，在接受请求之前程序将不会继续运行，当接收到请求后，accept 方法返回一个 Socket。

（3）使用 accept 方法返回的 Socket 与客户端进行通信。

10.3.3　基于 TCP 协议的网络编程

发送方和接收方成对的两个 Socket 之间必须建立连接，以便在 TCP 协议的基础上进行通信，当一个 Socket（通常都是 ServerSocket）等待建立连接时，另一个 Socket 可以要求进行连接，这两个 Socket 一旦连接起来，它们就可以进行双向数据传输，双方都可以进行发送或接收操作。

服务器端的步骤如下。

（1）创建服务器端的 ServerSocket 对象，绑定监听端口。

（2）调用 accept() 方法进行监听客户端的请求，等待客户端的连接。

（3）与客户端建立连接以后，通过输入流读取客户端发送的请求信息。

（4）通过输出流来响应客户端。

（5）关闭输入输出流以及 Socket 等相应的资源。

客户端的步骤如下：

（1）创建 Socket 对象，并且指明需要连接的服务器端的地址以及端口号，用来与服务器端进行连接。

（2）连接建立后，获取一个输出流，通过输出流向服务器端发送请求信息。

（3）通过输入流读取服务器端响应的信息。

（4）关闭相应的资源。

在 Java 的 java.net 类库中，URL、URLConnection、Socket、ServerSocket 类都是利用 TCP 在网络上通信的；而 DatagramPacket 和 DatagramSocket 类是使用 UDP 的。本章将主要讲述利用 TCP 协议进行通信的各个类。

1.URL 类

java.net.URL 是统一资源定位器，它是指向 Internet 资源的指针。通过 URL 标识，就可以利用各种网络协议来获取远端计算机上的资源或信息，从而方便快捷地开发 Internet 的应用程序。

格式：传输协议名：// 主机名：端口号 / 文件名 # 引用

URL 类的构造方法和常用方法分别见表 10 - 1 和表 10 - 2。

表 10 - 1　URL 类的构造方法

构造方法	主要功能
URL(String spec)	String 表示形成一个 URL 对象
URL(URL context, String spec)	通过在指定的上下文中解析给定的规范来创建一个 URL

表 10 - 2　URL 类的常用方法

方法	主要功能
Object getContent()	获取此 URL 的内容
int getDefaultPort()	获取与此 URL 关联协议的默认端口号
String getFile()	获取此 URL 的文件名
String getHost()	获取此 URL 的主机名（如适用）
String getPath()	获取此 URL 的路径部分
int getPort()	获取此 URL 的端口号
String getProtocol()	获取此 URL 的协议名称
String getRef()	获取此 URL 的锚点（也称为“引用”）
URLConnection openConnection()	它表示到 URL 所引用的远程对象的连接
InputStream openStream()	打开 URL，并返回一个 InputStream，以便从该连接读取

【例 10-1】 通过案例掌握使用 URL 类获取远端主机上指定文件内容的方法。功能实现：创建一个参数为 http://www.baidu.com/index.html 的 URL 对象，然后读取这个对象的文件。

```
import java.io.*;
import java.net.URL;
public class Demo10_01 {
    public static void main(String[] args) throws Exception {
```

```
        // 创建 URL 对象
        URL url = new URL("http:// www.baidu.com/index.html");
        // 创建 InputStreamReader 对象
        InputStreamReader is = new InputStreamReader(url.openStream());
        System.out.println(" 协议： " + url.getProtocol());        // 显示协议名
        System.out.println(" 主机： " + url.getHost());            // 显示主机名
        System.out.println(" 端口： " + url.getDefaultPort());
        // 显示与此 URL 关联协议的默认端口号
        System.out.println(" 路径： " + url.getPath());            // 显示路径名
        System.out.println(" 文件： " + url.getFile());            // 显示文件名
        // 创建 BufferedReader 对象
        BufferedReader br = new BufferedReader(is);
        String inputLine;
        System.out.println(" 文件内容： ");
        // 按行从缓冲输入流循环读字符，直到读完所有行
        while ((inputLine = br.readLine()) != null) {
            System.out.println(inputLine);                        // 把读取的数据输出到屏幕上
        }
        br.close();// 关闭字符输入流
    }
}
```

程序运行的结果：
协议：http
主机：www.baidu.com
端口：80
路径：/index.html
文件：/index.html
文件内容：
<!DOCTYPE html>
<!--STATUS OK--><html><head><meta http-equiv=content-type content=text/html;charset=utf-8><meta http-equiv=X-UA-Compatible content=IE=Edge><meta content=always name=referrer><link rel=stylesheet type=text/css href=http:// s1.bdstatic.com/r/www/cache/bdorz/baidu.min.css><title> 百 度 一下，你就知道 </title></head>……
（文件内容太多，</head> 以下内容就此省略。）

2. URLConnection

抽象类 URLConnection 是所有类的超类，它代表应用程序和 URL 之间的通信连接。此类的实例可用于读取和写入此 URL 引用的资源。

URLConnection 类的构造方法和常用方法分别见表 10－3 和表 10－4。

表 10－3 URLConnection 类的构造方法

构造方法	主要功能
URLConnection(URL url)	构造与指定 URL 的 URL 连接

表 10－4 URLConnection 类的常用方法

方法	主要功能
Object getContent()	检索此 URL 连接的内容
String getContentEncoding()	返回 content-encoding 标题字段的值
Int getContentLength()	返回 content-length 标题字段的值
String getContentType()	返回 content-type 标题字段的值
URL getURL()	返回此 URLConnection 的 URL 字段的值
InputStream getInputStream()	返回从此打开的连接读取的输入流
OutputStream getOutputStream()	返回写入此连接的输出流
public void setConnectTimeout(int timeout)	设定一个指定的超时值（以毫秒为单位）

【例 10-2】 通过案例掌握使用 URLConnection 类获取 Web 页面信息的方法。功能实现：使用 URLConnection 显示网址 http://www.baidu.com/index.html 的相关信息。

```
import java.io.*;
import java.net.URL;
import java.net.URLConnection;
publicclass Demo10_02 {
  publicstaticvoid main(String[] args) throws Exception {
    String s;
    // 创建 URL 对象
    URL url = new URL("http:// www.baidu.com/index.htm");
    // 定义 URLConnection 对象，并让其指向给定的连接
    URLConnection uc = url.openConnection();
    System.out.println(" 文件类型 : " + uc.getContentType());
    System.out.println(" 文件长度 : " + uc.getContentLength());
    System.out.println(" 文件内容 : ");
    System.out.println("------------------------------------------");
    // 定义字节输入流对象，并使其指向给定连接的输入流
    BufferedReader is=
    new  BufferedReader(new InputStreamReader(uc.getInputStream()));
    // 创建 BufferedReader 对象
    while ((s = is.readLine()) !=null) {
      // 循环读下一字节，直到文件结束
      System.out.println(s);    // 输出字节对应的字符
```

```
        }
        is.close();                    // 关闭字节流
    }
}
```

程序运行的结果：
文件类型 : text/html
文件长度 : 2381
文件内容 :

<!DOCTYPE html>
<!--STATUS OK--><html><head><meta http-equiv=content-type content=text/html;charset=utf-8><meta http-equiv=X-UA-Compatible content=IE=Edge><meta content=always name=referrer><link rel=stylesheet type=text/css href=http:// s1.bdstatic.com/r/www/cache/bdorz/baidu.min.css><title> 百度一下，你就知道 </title></head>

（文件内容太多，</head> 以下内容就此省略。）

3. InetAddress

在 Internet 上，表示一个主机的地址有两种方式，即域名地址（如：www.baidu.com）和 IP 地址（如：202.108.35.210）。该类正是用来表示主机地址的。

InetAddress 类提供将主机名解析为其 IP 地址（或反之）的方法。InetAddress 类的常用方法见表 10－5。

表 10－5　InetAddress 类的常用方法

方法	主要功能
Static InetAddress getByAddress(byte[]addr)	在给定原始 IP 地址的情况下，返回 InetAddress 对象
Static InetAddress getByAddress(String host,byte[]addr)	根据提供的主机名和 IP 地址创建 InetAddress
Static InetAddress getLocalHost()	返回本地主机
Static InetAddress getByName(String host)	在给定主机名的情况下确定主机的 IP 地址
Byte[] getAddress()	返回此 InetAddress 对象的原始 IP 地址
String getHostAddress()	返回 IP 地址字符串
String getHostName()	获取此 IP 地址的主机名
boolean isMulticastAddress()	检查 InetAddress 是否是 IP 多播地址
boolean isReachable(int timeout)	测试是否可以达到该地址
String toString()	将此 IP 地址转换为 String

【例 10-3】 通过案例掌握使用 InetAddress 类远端主机的 IP 地址和主机名的方法。

功能实现：使用 InetAddress 对象获取 internet 网上指定主机和本地主机的有关信息。

```
import java.net.InetAddress;
import java.net.UnknownHostException;
public class Demo10_03 {
    public static void main(String args[]) {
        try {
            // 获取给定域名的地址
            InetAddress inetAddress1 =
            InetAddress.getByName("www.baidu.com");
            System.out.println(inetAddress1.getHostName());          // 显示主机名
            System.out.println(inetAddress1.getHostAddress());       // 显示 IP 地址
            System.out.println(inetAddress1);                        // 显示地址的字符串描述
            // 获取本机的地址
            InetAddress inetAddress2 = InetAddress.getLocalHost();
            System.out.println(inetAddress2.getHostName());
            System.out.println(inetAddress2.getHostAddress());
            System.out.println(inetAddress2);
            // 获取给定 IP 的主机地址 (72.5.124.55)
            byte[] bs = newbyte[] { (byte) 72, (byte) 5, (byte) 124, (byte) 55 };
            InetAddress inetAddress3 = InetAddress.getByAddress(bs);
            InetAddress inetAddress4 =
            InetAddress.getByAddress("Sun 官方网站 (java.sun.com)", bs);
            System.out.println(inetAddress3);
            System.out.println(inetAddress4);
        } catch (UnknownHostException e) {
            e.printStackTrace();
        }
    }
}
```

程序运行的结果：

```
www.baidu.com
115.239.211.112
www.baidu.com/115.239.211.112
DESKTOP-K9DAHOU
192.168.1.17
DESKTOP-K9DAHOU/192.168.1.17
/72.5.124.55
Sun官方网站(java.sun.com)/72.5.124.55
```

4. ServerSocket

网络编程简单说就是两台计算机相互进行数据通信，对于程序员而言，掌握一种编程接口并使用一种编程模型显然简单多了。Java SDK 提供一些相对简单的 Api 来完成这些工作。Socket 就是其中之一。对于 Java 而言，Api 存在于 java.net 包里面。因此只要导入这个包就可以准备网络编程了。

ServerSocket 类的构造方法和常用方法分别见表 10 - 6 和表 10 - 7。

表 10 - 6　ServerSocket 类的构造方法

构造方法	主要功能
ServerSocket()	创建未绑定的服务器套接字
ServerSocket(int port)	创建绑定到指定端口的服务器套接字
ServerSocket(int port, int backlog)	创建服务器套接字并将其绑定到指定 backlog
ServerSocket(int port, int backlog, InetAddress bindAddr)	创建一个具有指定端口的服务器，监听 backlog 和本地 IP 地址绑定

表 10 - 7　ServerSocket 类的常用方法

方法	主要功能
Socket accept()	监听并接收此套接字的连接
void bind(SocketAddress endpoint)	将 ServerSocket 绑定到特定地址上（IP 地址和端口号）
void bind(SocketAddress endpoint,int backlog)	在有多个网卡（每个网卡都有自己的 IP 地址）的服务器上，将 ServerSocket 绑定到特定地址（IP 地址和端口号）上并设置最长连接队列
void close()	关闭此套接字
InetAddress getInetAddress()	返回此服务器套接字的本地地址
Int getLocalPort()	返回此套接字在其上监听的端口
SocketAddress getLocalSocketAddress()	返回此套接字绑定的端口的地址，如果尚未绑定则返回 null
boolean isBound()	返回 ServerSocket 的绑定状态
boolean isClosed()	返回 ServerSocket 的关闭状态
String toString()	作为 String 返回此套接字的实现地址和实现端口

【例 10-4】 通过案例掌握使用 ServerSocket 类获取服务器的状态信息的方法。功能实现：测试 ServerSocket 中部分方法的功能。

```
import java.io.*;
import java.net.ServerSocket;
public class Demo10_04 {
    public static void main(String args[]) {
        ServerSocket serverSocket = null;
```

```
        try {
            serverSocket = new ServerSocket(2010);
            System.out.println(" 服务器端口：" + serverSocket.getLocalPort());
            System.out.println(" 服务器地址：" + serverSocket.getInetAddress());
            System.out.println(" 服务器套接字：" +
            serverSocket.getLocalSocketAddress());
            System.out.println(" 是否绑定连接：" + serverSocket.isBound());
            System.out.println(" 连接是否关闭：" + serverSocket.isClosed());
            System.out.println(" 服务器套接字详情：" + serverSocket.toString());
        } catch (IOException e1) {
            System.out.println(e1);
        }
    }
}
```

程序运行的结果：

```
服务器端口：2010
服务器地址：0.0.0.0/0.0.0.0
服务器套接字：0.0.0.0/0.0.0.0:2010
是否绑定连接：true
连接是否关闭：false
服务器套接字详情：ServerSocket[addr=0.0.0.0/0.0.0.0,localport=2010]
```

5. Socket 类

在 Java 中，Socket 可以理解为客户端或者服务器端的一个特殊的对象，这个对象有两个关键的方法：一个是 getInputStream 方法，另一个是 getOutputStream 方法。getInputStream 方法可以得到一个输入流，客户端的 Socket 对象上的 getInputStream 方法得到的输入流其实就是从服务器端发回的数据流。GetOutputStream 方法得到一个输出流，客户端 Socket 对象上的 getOutputStream 方法返回的输出流就是将要发送到服务器端的数据流（其实是一个缓冲区，暂时存储将要发送过去的数据）。

Socket 类的构造方法和常用方法分别见表 10 - 8 和表 10 - 9。

表 10 - 8　Socket 类的构造方法

构造方法	主要功能
Socket()	创建一个未连接的套接字，并使用系统默认类型的 SocketImpl
Socket(InetAddress address, int port)	创建流套接字并将其连接到指定 IP 地址的指定端口号上

表 10 - 9　Socket 类的常用方法

方法	主要功能
InetAddress getInetAddress()	返回套接字连接的地址

续表

方法	主要功能
InetAddress getLocalAddress()	获取套接字绑定的本地地址
int getLocalPort()	返回此套接字绑定到的本地端口
SocketAddress getLocalSocketAddress()	返回此套接字绑定的端点的地址，如果尚未绑定则返回 null
InputStream getInputSteam()	返回此套接字的输入流
OutputStream getOutputStream()	返回此套接字的输出流
int getPort()	返回此套接字连接到的远程端口
boolean isBound()	返回套接字的绑定状态
boolean isClosed()	返回套接字的关闭状态
boolean isConnected()	返回套接字的连接状态
void connect(SocketAddress endpoint,int timeout)	将此套接字连接到服务器，并指定一个超时值
void close()	关闭此套接字

【例 10-5】 通过案例掌握使用 Socket 类获取指定连接的状态信息的方法。功能实现：测试 Socket 中部分方法的功能。

```
import java.net.Socket;
public class Demo10_05 {
  public static void main(String args[]) {
    Socket socket;
    try {
      socket = new Socket("192.168.1.17", 4700);
      System.out.println(" 是否绑定连接 : " + socket.isBound());
      System.out.println(" 本地端口 : " + socket.getLocalPort());
      System.out.println(" 连接服务器的端口 : " + socket.getPort());
      System.out.println(" 连接服务器的地址 : " + socket.getInetAddress());
      System.out.println(" 远程服务器的套接字 : " + socket.getRemoteSocketAddress());
      System.out.println(" 是否处于连接状态 : " + socket.isConnected());
      System.out.println(" 客户套接详情 : " + socket.toString());
    } catch (Exception e) {
      System.out.println(" 服务器端没有启动 ");
    }
  }
}
```

程序运行的结果：

打开服务端运行结果：

```
是否绑定连接：true
本地端口：58346
连接服务器的端口：4700
连接服务器的地址：/192.168.1.17
远程服务器的套接字：/192.168.1.17:4700
是否处于连接状态：true
客户套接详情：Socket[addr=/192.168.1.17,port=4700,localport=58346]
```

未打开服务端运行结果：

```
服务器端没有启动
```

【例 10-6】 实现简单的聊天功能。

// TalkServer.java

```
import java.io.*;
import java.net.*;
public class TalkServer{
    public static void main(String args[]){
        try{
            ServerSocket server = null;
            try{
                server = new ServerSocket(4700);
            } catch(Exception e){
                System.out.println("can not listen to:" + e);
            }
            Socket socket = null;
            try{
                socket = server.accept();
            } catch(Exception e){
                System.out.println("Error:" + e);
            }
            String line;
            BufferedReader is = new BufferedReader( new InputStreamReader(
                socket.getInputStream()));
            PrintWriter os = new PrintWriter(socket.getOutputStream());
            BufferedReader sin =
            new BufferedReader( new InputStreamReader(System.in));
            System.out.println("Client:" + is.readLine());
            line = sin.readLine();
            while (!line.equals("bye")){
                os.println(line);
                os.flush();
                System.out.println("Server:" + line);
```

```
                System.out.println("Client:" + is.readLine());
                line = sin.readLine();
            }
            is.close();
            os.close();
            socket.close();
            server.close();
        }catch(Exception e){
            System.out.println("Error" + e);
        }
    }
}
```

// **TalkClient.java**

```
import java.io.*;
import java.net.*;
public class TalkClient{
    public static void main(String args[]){
        try{
            Socket socket = new Socket("127.0.0.1",4700);
            BufferedReader sin =
new BufferedReader(new InputStreamReader(System.in));
            PrintWriter os = new PrintWriter(socket.getOutputStream());
            BufferedReader is = new BufferedReader(
new InputStreamReader(socket.getInputStream()));
            String readline;
            readline = sin.readLine();
            while (!readline.equals("bye")){
                os.println(readline);
                os.flush();
                System.out.println("Client:" + readline);
                System.out.println("Server:" + is.readLine());
                readline = sin.readLine();
            }
            os.close();
            is.close();
            socket.close();
        }catch(Exception e){
            System.out.println("Error" + e);
        }
    }
}
```

程序运行的结果：

TalkServer 运行结果：

```
Client:你好!
你好！！！
Server:你好！！！
Client:你在做什么？
我在和你聊天
Server:我在和你聊天
Client:null
bye
```

TalkClient 运行结果：

```
你好!
Client:你好!
Server:你好！！！
你在做什么？
Client:你在做什么？
Server:我在和你聊天
bye
```

10.3.4 基于 UDP 协议的网络编程

1. DatagramPacket

数据包用来实现无连接包投递服务。每条包文仅根据该包中包含的信息从一台机器路由到另一台机器。从一台机器发送到另一台机器的多个包可能选择不同的路由，也可能按不同的顺序到达。不对包投递做出保证。

要发送和接收数据包，需要用 DatagramPacket 类将数据打包，即用 DatagramPacket 类创建一个对象，称为数据包。

（1）对应的构造方法。

```
DatagramPacket(byte data[],int len,InetAddress,int port);
```

数组是数据包内容，len 为数据包长度，add 为数据包发送地址，port 为接收主机对应的应用。

```
DatagramPacket(byte data[],int offset,int len,InetAddress,int port);
```

数据包内容为数组从 offset 开始的长度为 len 的数据，add 为数据包发送地址，port 为接收主机对应的应用。

举例：

```
Byte [] data=”数据包内容”.getByte();
InetAdress add=InetAdress.getName(“www.ahiec.net”);
DatagramPacket datagram=new DatagramPacket(data,data.length,add,1234);
```

（2）发送数据。

数据包准备好了，就可以使用 DatagramSocket 对象的 send() 方法发送数据。

```
DatagramSocket mail=new DatagramSocket();
mail.send(datagram);
```

（3）接收数据。

DatagramSocket 对象的 receive() 方法用于接收数据，必须提前确定接收方的地址和端口号以及数据包的地址和端口号吻合。

```
Byte data[] =new byte[500];
DatagramSocket mail=new DatagramPacketSocket(1234);
DatagramPacket datagram=new DatagramPacket(data,data.length);
mail.receive(datagram);
```

【例 10-7】客户端发送 1，2，3，4，5 数据，服务端接收该数据并显示。

```
// TestDatagramClient.java
import java.net.*;
public class TestDatagramClient {
    public static void main(String[] args) {
        byte data[]={1,2,3,4,5};
        try {
            InetAddress add=InetAddress.getByName("127.0.0.1");
            DatagramPacket datagram=new DatagramPacket(data,data.length,add,12345);
            DatagramSocket ds;
            ds = new DatagramSocket();
            ds.send(datagram);
            for(byteb :data )
                System.out.print(b+"");
            } catch (Exception e) {
                e.printStackTrace();
            }
    }
}
// TestDatagramServer.java
import java.net.*;
public class TestDatagramServer {
    public static void main(String[] args) {
        byte data[]=new byte[5];
        DatagramSocket ds;
```

```
        try {
            DatagramPacket dp=new DatagramPacket(data,data.length);
            ds = new DatagramSocket(12345);
            ds.receive(dp);
            for(int i=0;i<data.length;i++){
                System.out.print (data[i]+",");
            }
        } catch (Exception e) {
            e.printStackTrace();
        }
    }
}
```

程序运行的结果：

TestDatagramServer 运行结果：

```
1,2,3,4,5,
```

TestDatagramClient 运行结果：

```
1 2 3 4 5
```

DatagramPacket 的常用方法见表 10-10。

表 10－10　DatagramPacket 的常用方法

方法	主要功能
inetAddress getAddress()	返回某台机器的 IP 地址
byte[] getData()	返回数据缓冲区
int getLength()	返回将要发送或接收到的数据的长度
int getOffset()	返回将要发送或接收到的数据的偏移量
int getPort()	返回某台主机的端口号
SocketAddress getSocketAddress()	获取要将此包发送到的或发出此数据包的远程主机的 SocketAddress(通常为 IP 地址 + 端口号)
void setAddress(InetAddress iaddr)	设置要将此数据包发往的那台机器的 IP 地址
void setData(byte[] buf)	为此包设置数据缓冲区
void setLength(int length)	为此包设置长度
void setPort(int iport)	设置要将此数据包发往的远程主机上的端口号
void setSocketAddress(SocketAddress address)	设置要将此数据包发往的远程主机的 SocketAddress(通常为 IP 地址 + 端口号)

2. DatagramSocket

此类表示用来发送和接收数据包的套接字。数据包套接字是包投递服务的发送点或接收点。每个在数据包套接字上发送或接收的包都是单独编址和路由的。从一台机器发送到另一台机器的多个包可能选择不同的路由，也可能按不同的顺序到达。

DatagramSocket 的构造方法和常用方法分别见表 10－11 和表 10－12。

表 10－11　DatagramSocket 的构造方法

构造方法	主要功能
DatagramSocket()	构造数据包套接字并将其绑定到本地主机的任何可用端口上
DatagramSocket(int port)	构造数据包套接字并将其绑定到本地主机的指定端口上
DatagramSocket(int port, InetAddress laddr)	创建一个数据包套接字，绑定到指定的本地地址上
DatagramSocket(SocketAddress bindaddr)	创建一个数据包套接字，绑定到指定的本地套接字地址上

表 10－12　DatagramSocket 的常用方法

方法	主要功能
void bind(SocketAddress addr)	将此 DatagramSocket 绑定到特定的地址和端口上
void close()	关闭此数据包套接字
void connect(InetAddress address,int port)	将此套接字连接到远程套接字地址上（IP 地址 + 端口）
void connect(SocketAddress addr)	将此套接字连接到远程套接字地址上
void disconnect()	断开套接字的连接
InetAddress getInetAddress()	返回此套接字连接的地址
InetAddress getLocalAddress()	获取套接字绑定的本地地址
int getLocalPort()	返回此套接字绑定的本地主机上的端口号
SocketAddress getLocalSocketAddress()	返回此套接字绑定的端点的地址，如果尚未绑定则返回 null
SocketAddress getRemoteSocketAdddress()	返回此套接字连接的端点的地址，如果未连接则返回 null
void receive(DatagramPacket p)	从此套接字接收数据包
void send(DatagramPacket p)	从此套接字发送数据包

【例 10-8】　通过案例掌握 UDP 协议网络编程的方法。

```
// TestUDPClient.java

import java.net.*;
import java.io.*;

public class TestUDPClient{
    public static void main(String args[]) throwsException{
        longn = 10000L;
        ByteArrayOutputStream baos = new ByteArrayOutputStream();
        DataOutputStream dos = new DataOutputStream(baos);
        dos.writeLong(n);
        byte[] buf = baos.toByteArray();
        System.out.println(buf.length);
```

```
        DatagramPacket dp =
        new DatagramPacket(buf, buf.length,
        new InetSocketAddress("127.0.0.1", 5678));
        DatagramSocket ds = new DatagramSocket(9999);
        ds.send(dp);
        ds.close();
    }
}
```

// TestUDPServer.java

```
import java.net.*;
import java.io.*;
public class TestUDPServer{
    public static void main(String args[]) throws Exception{
        byte buf[] = new byte[1024];
        DatagramPacket dp = new DatagramPacket(buf, buf.length);
        DatagramSocket ds = new DatagramSocket(5678);
        while(true){
            ds.receive(dp);
            ByteArrayInputStream bais = new ByteArrayInputStream(buf);
            DataInputStream dis = new DataInputStream(bais);
            System.out.println(dis.readLong());
        }
    }
}
```

程序运行的结果：

TestUDPServer 运行结果：

```
10000
```

TestUDPClient 运行结果：

```
8
```

10.4 任务进阶

Socket 综合案例

服务器端程序创建套接字，并等待客户端请求。客户端创建套接字，每秒发过去一个数字，并等待接收服务器返回的结果，服务器端接收请求，并将处理结果送回去，再次等待其他请求，而客户端接收到数据后继续发送请求（共 10 次）。

（1）客户端。

```
import java.io.*;
import java.net.Socket;
public class client{
    public static void main(String [] args){
        String s=null;
        Socket c;
        DataInputStream in=null;
        DataOutputStream out=null;
        int i=1;
        try{
            c=new Socket("localhost",2345);
            in=new DataInputStream(c.getInputStream());
            out=new DataOutputStream(c.getOutputStream());
            out.writeInt(i);
            while(i<=10){
            s=in.readUTF();
              System.out.println("Hello"+i);
              System.out.println(" 客户收到 :"+s);
            i++;
            out.writeInt(i);
             Thread.sleep(1000);
             }
        }catch(IOException e){
            System.out.println(" 无法连接服务端 ");
        }catch(InterruptedException e){}
    }
}
```

（2）服务端。

```
import java.io.DataInputStream;
import java.io.DataOutputStream;
import java.io.IOException;
import java.net.ServerSocket;
import java.net.Socket;
publicclass Server{
```

```
    public static void main(String [] args){
        ServerSocket s=null;
        Socket c=null;
        DataOutputStream out=null;
        DataInputStream in=null;
        try{
            s=new ServerSocket(2345);
            c=s.accept();
            in=new DataInputStream(c.getInputStream());
            out=new DataOutputStream(c.getOutputStream());
            while(true){
            int m=0;
            m=in.readInt();
            out.writeUTF(" 这是客户你是第 "+m+" 次请求 ");
            Thread.sleep(1000);
            }
        }catch(InterruptedException e){
        }catch(IOException e){
            System.out.println(""+e);
        }
    }
}
```

客户端的运行结果：

```
Hello1
客户收到:这是客户你是第1次请求
Hello2
客户收到:这是客户你是第2次请求
Hello3
客户收到:这是客户你是第3次请求
Hello4
客户收到:这是客户你是第4次请求
Hello5
客户收到:这是客户你是第5次请求
Hello6
客户收到:这是客户你是第6次请求
Hello7
客户收到:这是客户你是第7次请求
Hello8
客户收到:这是客户你是第8次请求
Hello9
客户收到:这是客户你是第9次请求
Hello10
客户收到:这是客户你是第10次请求
```

服务端的运行结果：

```
java.net.SocketException: Connection reset
```

10.5 任务总结

本章主要介绍了网络编程的基础知识，包括网络编程的原理，基于 TCP 协议的网络编程，以及基于 UDP 协议的网络编程。

计算机网络：专门的外连设备。

通信协议：计算机网络中实现通信必须遵循的一些约定，这些约定被称为通信协议。

TCP 协议：TCP 是一种面向连接的、保证可靠传输的协议。通过 TCP 协议传输，得到的是一个顺序的、无差错的数据流。

UDP 协议：UDP 是一种无连接的、不可靠的协议，每个数据包都是一个独立的信息。

网络编程的原理：网络上的两个程序通过一个双向的通信连接实现数据的交换。

10.6 任务练习

1. Java 程序中，使用 TCP 套接字编写服务端程序的套接字类是（　　）。

A. Socket　　B. ServerSocket

C. DatagramSocket　　D. DatagramPacket

2. ServerSocket 的监听方法 accept() 的返回值类型是（　　）。

A. void　　B. Object

C. Socket　　D. DatagramSocket

3. ServerSocket 的 getInetAddress() 的返回值类型是（　　）。

A. Socket　　B. ServerSocket

C. InetAddress　　D. URL

4. 当使用客户端套接字 Socket 创建对象时，需要指定（　　）。

A. 服务器主机名称和端口　　B. 服务器端口和文件

C. 服务器名称和文件　　D. 服务器地址和文件

5. Java 提供的（　　）类用来进行有关 Internet 地址的操作。

A. Socket　　B. ServerSocket

C. DatagramSocket　　D. InetAddress

6. InetAddress 类中可实现正向名称解析的方法是（　　）。

A. isReachable()　　B. getHostAddress()

C. getHosstName()　　D. getByName()

7. 在使用流式套接字编程时，为了向对方发送数据，需要使用的方法是（　　）。

A. getInetAddress()　　B. getLocalPort()

C. getOutputStream()　　D. getInputStream()

8. 使用 UDP 套接字通信时，常用（　　）类把将发送的信息进行打包。

A. String　　B. DatagramSocket

C. MulticastSocket　　D. DatagramPacket

9. 使用 UDP 套接字通信时，(　　) 方法用于接收数据。

A. read()　　B. receive()

C. accept()　　D. Listen()

10. Socket 编程：服务器端程序创建套接字，并等待客户端请求。客户端创建套接字，每秒发过去一个数字，并等待接收服务器返回的结果，服务器端接收请求，并将处理结果送回去，再次等待其他请求，而客户端接收到数据后继续发送请求（共 10 次）。

11. Socket 编程：实现一个简单的聊天室功能，客户端发送数据到服务器，服务器将接收到的数据返回给客户端（实现内容自理）。

12. InetAddress 编程：通过使用 InetAddress 类的方法，获取 http://www.baidu.com 主机的 IP 地址，获取本地机的名称和 IP 地址。

参考文献

[1] 赵生慧. Java面向对象程序设计 [M]. 2版. 北京：中国水利水电出版社，2010.
[2] 张勇. Java程序设计与实践教程 [M]. 北京：人民邮电出版社，2014.
[3] 明日科技. Java从入门到精通 [M]. 北京：清华大学出版社，2016.
[4] 黑马程序员. Java基础案例教程 [M]. 北京：人民邮电出版社，2017.